• 国家杰出青年科学基金项目“基于人工智能的市场营销”（编号：71925003）
• 四川大学哲学社会科学国家领军人才培育项目“基于人工智能的市场营销”（编号：SKSYL2019-01）
• 四川大学“从0到1”创新研究项目"直播带货效果及机制研究——AI analytics和AIGC"（编号：2023CX35）

基于多模态机器学习的营销视频分析

——XGBoost、SHAP和GMFN的混合方法

黄子窈　方　正
李　珊　杜培源　◎著

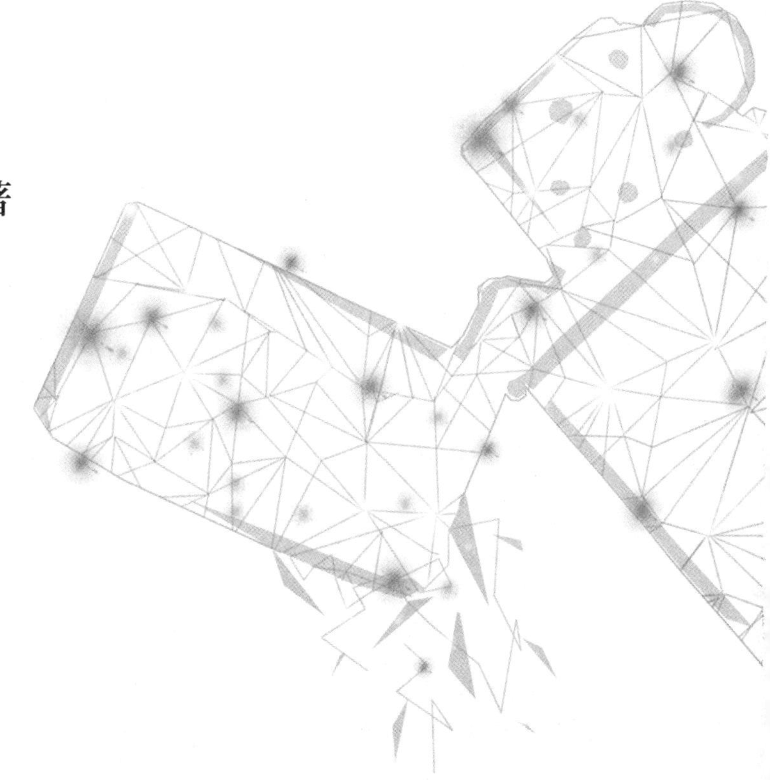

四川大学出版社
SICHUAN UNIVERSITY PRESS

图书在版编目（CIP）数据

基于多模态机器学习的营销视频分析 ：XGBoost、SHAP 和 GMFN 的混合方法 / 黄子窈等著. — 成都 ：四川大学出版社，2024.6

ISBN 978-7-5690-6415-5

Ⅰ. ①基… Ⅱ. ①黄… Ⅲ. ①机器学习 Ⅳ. ①TP181

中国国家版本馆 CIP 数据核字（2023）第 199726 号

书　　名：基于多模态机器学习的营销视频分析——XGBoost、SHAP 和 GMFN 的混合方法
Jiyu Duomotai Jiqi Xuexi de Yingxiao Shipin Fenxi——XGBoost、SHAP he GMFN de Hunhe Fangfa

著　　者：黄子窈　方　正　李　珊　杜培源

选题策划：杨　果
责任编辑：梁　平
责任校对：杨　果
装帧设计：裴菊红
责任印制：王　炜

出版发行：四川大学出版社有限责任公司
地址：成都市一环路南一段 24 号（610065）
电话：（028）85408311（发行部）、85400276（总编室）
电子邮箱：scupress@vip.163.com
网址：https://press.scu.edu.cn
印前制作：四川胜翔数码印务设计有限公司
印刷装订：四川煤田地质制图印务有限责任公司

成品尺寸：170mm×240mm
印　　张：11.75
字　　数：224 千字

版　　次：2024 年 6 月 第 1 版
印　　次：2024 年 6 月 第 1 次印刷
定　　价：68.00 元

扫码获取数字资源

四川大学出版社
微信公众号

前　　言

2022 年，在互联网新增数据中，非结构化数据占比超过 80%，且增长速度为结构化数据的 3 倍。其中，视频数据又是非结构化数据中占比最大的，它包含文本、声音、图像三种模态的非结构化数据，通常有两种分析思路。第一种是将视频拆分为该三种模态，应用单模态机器学习。第二种是将三种模态结合起来，应用多模态机器学习（Multimodal Machine Learning，MMML）将三种模态在时间上对齐（alignment），在输入时融合（fusion），既分析每种模态的内部作用（intra－modal），又分析三种模态的相互作用（inter－modal）；与单模态机器学习相比，信息更全、预测更准、稳健性更强，可以更好地模拟人类多个感官对同一主题的信息处理。

基于以上背景，选择直播吸粉作为研究场景，介绍基于多模态机器学习的营销视频分析。尽管直播吸粉备受关注，但受限于数据和方法，存在以下三方面的局限。①自变量：在每场直播中，影响吸粉效果的因素较多，除相对固定的“人、货、场”外，如年龄性别、产品类别、直播间特征等，主要取决于主播的说服力。根据说服知识理论，说服力的构成因素包含“情感说服、认知说服、技巧说服”，在直播视频中表现为面部表情、重复强调、身体前倾等。但由于比较抽象，又涉及文本、声音、图像三种非结构化数据，对算力、算法、算据要求较高，这些因素构成了学界的分析障碍和业界的实操难点。②中介变量：由于吸粉是一种说服行为，其影响因素的选取也应基于说服知识理论，因此，说服力是较为恰当的中介变量。但在直播视频中，说服力涉及文本、声音、图像三种数据模态，没有现成的测量方法。③研究方法：目前业界对“情感说服、认知说服、技巧说服”因素的了解主要依靠经验积累，学界对直播的研究多基于结构化的问卷或实验数据展开，难以提供定量指导。需要结合定性访谈和多模态机器学习等方法，实现从心理到行为的分析，从定性到定量的验证。

针对以上三方面的局限，本书确定了研究内容。①What：直播视频中吸粉效果的影响因素有哪些？结合直播视频和说服知识理论，基于三种因素筛选出 12 个自变量。一是情感说服因素：积极语言、面部表情、声音音高、眼神注视。二是认知说服因素：重复广度、重复深度、比喻语言。三是技巧说服因素：身体前倾、头部朝向、声音语速、声音响度、流畅程度。②Why：这些因素影响吸粉效果的中介机制是什么？在多模态机器学习中，选择图记忆融合网络（Graph Memory Fusion Network，GMFN），既测量说服力，以检验中介效应；又评估各模态对说服力的动态影响，以可视化中介过程。③How：如何基于直播视频预测吸粉效果？将 12 个变量（粗粒度，coarse－grained）分解为 323 维特征（细粒度，fine－grained），应用算力消耗较少的长短时记忆网络（Long Short－Term Memory，LSTM），经过四方面对比尝试（单模态 vs. 多模态，数据对齐 vs. 数据非对齐，数据融合 vs. 数据非融合，早期融合 vs. 晚期融合），选择最优吸粉效果预测模型。

为研究上述内容，本书采用混合方法：利用极限梯度提升（XGBoost）、SHAPley Additive exPlanations（SHAP）和 GMFN，分析直播视频 2297 个，总时长为 5358.4 分钟，累计 196.67GB。一是数据获取，分为 5 步：①从直播 26 个类别中随机选择 260 个主播，将每个类别的主播数量限制为最多为 100，从每个主播处获得的视频最多为 10；②根据粉丝数量剔除头部和尾部主播；③将直播时间限制在工作日 9：00—18：00，以保持在工作时间上的同质性；④检测每一帧视频画面，以确保每个视频都是一个独白；⑤排除无声音或声音极短的视频。二是变量测量。基于文本数据的变量（积极语言、重复广度、重复深度、比喻语言）调用阿里云 API 测量，基于声音数据的变量（声音音高、声音语速、声音响度、流畅程度）采用 COVAREP、pyAudioAnalysis、praat－parselmouth 测量，基于图像数据的变量（面部表情、眼神注视、头部朝向、身体前倾）采用 OpenFace2.0 测量，三模态共计提取 12 个变量。三是经典机器学习方法组合 XGBoost+SHAP。将 12 个变量交互效应全部分摊到 12 个变量各自的主效应上，以评估 12 个变量对吸粉效果的绝对和相对影响，使得主效应系数估计更加准确；并辅以计量模型验证显著性。四是多模态机器学习 GMFN。基于专业人员的打标签记录，用 GMFN 动态分析三模态非结构化数据（文本、声音、图像），测量每个直播视频的说服力。

经过以上研究，得出研究结论如下：

首先，解答 What。从观众心理看，定性访谈初步揭示了 12 个变量的影响和说服力的中介。从观众行为看，机器学习和计量模型分别检验了 12 个变量的重要性和显著性，且二者结果一致，证明假设检验结果的稳健性。12 个变量中，语言情感、比喻语言、眼神注视、重复深度、声音音高、流畅程度、声音语速显著正向影响吸粉效果，身体前倾、声音响度、面部表情、头部朝向、重复广度显著负向影响吸粉效果。

其次，解释 Why，分为两个步骤。第一步是测量说服力：在检验打标签（即给每一个视频赋予一个 1～7 分的说服务力评分）的准确性后，将训练集、验证集和测试集以 6∶2∶2 和 8∶1∶1 的分配比例开展训练，GMFN 实现 81.75%准确率，达到主流水平（如 TFN、RMFN、MFM），用于测量说服力。第二步是检验中介效应：将 GMFN 测量的说服力放入 Sobel test 检验，结果显示中介作用显著。需要补充说明的是，GMFN 的组件之一即动态融合图记忆网络（Dynamic Fusion Graph，DFG）的可视化中介过程显示，只考察单一模态对说服力的影响时，文本、声音、图像模态的变量都很重要；然而，当考察两模态融合时，随着时间的推进，“文本＋声音”和“文本＋图像”融合的重要性逐渐降低，“声音＋图像”融合的重要性逐渐增强。这表明文本模态既定时，声音和图像模态的协同性重要，具体到直播视频，就是指在直播脚本既定时，随时间推进，声音、表情和姿态的协调表现能提升说服力。

最后，解决 How。选用 LSTM 作为预测模型的原因有二：第一，LSTM 是 GMFN 的组件之一，继承 GMFN 模型对本研究的有效性；第二，LSTM 属于轻计算模型，参数少，算力消耗少，运行速度更快、运营成本更低，方便业界使用。在具体建模时，还将 12 个变量（粗粒度，coarse-grained）分解为 323 维特征（细粒度，fine-grained），以细化数据粒度，支撑更细致分析；经四方面对比尝试发现，EF-LSTM（Early Fusion LSTM，早期融合长短时记忆网络）表现最优，实现 66.2%的预测准确率。业界在应用此 EF-LSTM 时，在输入数据中加入或在全连接层增加对应的“人、货、场”控制变量，可提升预测准确率，经测试可达 90%以上。

在新理论、新变量、新方法三方面，共有四点创新如下：

第一，新理论——自变量。基于说服知识理论的三个维度“情感、认知、技巧”，识别 12 个自变量，验证其对吸粉效果的重要性及显著性。

第二，新变量——说服力。基于三类非结构化数据（文本、声音、图像），引入 GMFN，构建说服力的多模态测量方法。

第三，新理论——中介变量。检验说服力对 12 个自变量的中介效应，可视化说服力对 12 个自变量的中介过程。

第四，新方法——混合方法。利用定性访谈定性分析观众心理，多模态机器学习定量测量心理变量；利用计算机视觉定量测量行为变量，机器学习方法组合评估行为变量重要性。为将研究结果转化为管理建议，结合理论驱动和数据驱动，平衡参数数量和算力消耗，筛选端到端（end－to－end）的轻计算模型来预测吸粉效果，并细化数据粒度以提升预测准确率。这些方法的混合方式可为学界分析视频数据、为业界分析吸粉效果提供参考。

本书受国家自然科学基金杰出青年项目“基于人工智能的市场营销”（7192500085）、四川大学哲学社会科学国家领军人才培育项目“基于人工智能的市场营销”（SKSYL2019－01）和四川大学“从 0 到 1”创新研究项目“直播带货效果及机制研究——AI analytics 和 AIGC”（2023CX35）的资助。感谢天普大学罗学明教授、四川大学牛永革教授和廖成成助理研究员，以及四川大学出版社的帮助。书中如有不足之处，望读者不吝赐教。

著　者

2023 年 9 月

目　　录

1 概　论

本章有四部分内容：介绍研究背景与研究问题、阐述研究内容与研究目标、确定研究思路与研究方法、总结研究意义与研究创新。

第一，研究背景与研究问题。在直播行业，仅有 500 位主播粉丝超 1000 万，大多数主播粉丝低于 1 万，需要提升吸粉技能①。根据说服知识理论，吸粉是一种说服行为；但吸粉效果的影响因素，如直播视频中的面部表情、重复强调、身体前倾等比较抽象，且涉及文本、声音、图像三种非结构化数据，对算力、算法、算据要求较高，给学界和业界分析带来困难。据此，确立三个研究问题：①What：直播视频中吸粉效果的影响因素有哪些？②Why：这些因素影响吸粉效果的中介机制是什么？③How：如何基于直播视频预测吸粉效果？

第二，研究内容与研究目标。针对以上三个问题，确定了研究内容和目标。①What：结合直播视频，基于说服知识理论的三个维度“情感、认知、技巧”，筛选出 12 个变量开展实证研究。②Why：由于影响因素的选取基于说服知识理论，因此选择说服力作为中介变量，开展中介检验，并可视化中介过程。③How：应用算力消耗较少的机器学习模型，经四方面对比尝试，选择最优吸粉预测模型。

第三，研究思路与研究方法。遵循问题提出、文献综述、假设推导、定性分析、定量分析、研究总结的研究思路，采用混合方法（定性访谈、计算机视觉和多模态机器学习），实现从心理到行为的分析，从定性到定量的验证。

第四，研究意义与研究创新。在新理论、新变量、新方法三方面，共有四

---

① 中国演出行业协会：《中国网络表演（直播与短视频）行业发展报告（2022—2023）》，http://baike.baidu.com/item/%E4%B8%AD%E5%9B%BD%E7%BD%91%E7%BB%9C%E8%A1%A8%E6%BC%94%EF%BC%88%E7%9B%B4%E6%92%AD%E4%B8%8E%E7%9F%AD%E8%A7%86%E9%A2%91%EF%BC%89%E8%A1%8C%E4%B8%9A%E5%8F%91%E5%B1%95%E6%8A%A5%E5%91%8A%282022-2023%29/62983907?fr=ge_ala。

点意义与创新：①验证了 12 个吸粉效果影响变量；②构建出说服力的多模态测量方法；③检验了说服力的中介效应，并可视化中介过程；④采用混合方法，为学界分析视频数据，为业界分析吸粉效果，提供参考。

1.1 研究背景与研究问题

1.1.1 现实背景

直播拥有巨大的市场份额，其规模预计在 2028 年达到 4290 亿美元[①]。直播的迅猛发展引发“全民皆主播，万物皆可播的趋势”。据统计，直播行业主播账号累计近 1.4 亿，一年内有过开播行为的活跃账号约 1 亿。然而，拥有千万粉丝的主播账号仅有 500 个，绝大多数主播的粉丝低于 1 万[②]，需要提升吸粉技能。根据说服知识理论，吸粉是一种说服行为；但吸粉效果的影响因素，如直播视频中的面部表情、重复强调、身体前倾等比较抽象，且涉及文本、声音、图像三种非结构化数据，对算力、算法、算据要求较高，给学界和业界分析带来困难。为探索这一问题，本书拟从三方面着手：①What：直播视频中吸粉效果的影响因素有哪些？目前业界对“情感说服、认知说服、技巧说服”的了解主要依靠经验积累，需要结合定性访谈和计算机视觉等方法，实现从心理到行为的分析、从定性到定量的验证。②Why：这些因素影响吸粉效果的中介机制是什么？由于吸粉是一种说服行为，其影响因素的选取也是基于说服知识理论，因此，说服力是较为恰当的中介变量。但在直播视频中，说服力涉及文本、声音、图像三种数据模态，没有现成的测量方法。因此，需要引入多模态机器学习（MMML）予以测量，以开展中介检验。③How：如何基于直播视频预测吸粉效果？基于 What 和 Why 的研究内容支撑，构建吸粉效果预

---

① Vantage Market Research：Live Streaming Market Size to Hit $4290 Million by 2028 | Live Streaming Industry CAGR of 23.50% between 2022－2028，https://www.globenewswire.com/news－release/2022/03/29/2411755/0/en/Live－Streaming－Market－Size－to－Hit－4290－Million－by－2028－Live－Streaming－Industry－CAGR－of－23－50－between－2022－2028－Exclusive－Insight－Report－by－Vantage－Market－Research.html。

② 中国演出行业协会：《中国网络表演（直播与短视频）行业发展报告（2022—2023）》，http://baike.baidu.com/item/%E4%B8%AD%E5%9B%BD%E7%BD%91%E7%BB%9C%E8%A1%A8%E6%BC%94%EF%BC%88%E7%9B%B4%E6%92%AD%E4%B8%8E%E7%9F%AD%E8%A7%86%E9%A2%91%EF%BC%89%E8%A1%8C%E4%B8%9A%E5%8F%91%E5%B1%95%E6%8A%A5%E5%91%8A%282022－2023%29/62983907?fr=ge_ala。

测模型，为业界提供营销工具，将研究结果转化为管理建议。

1. 直播行业蓬勃发展

直播，正在逐渐衍化为当今社会的基础媒介，在丰富娱乐、促进消费、普惠公益等方面发挥着重要作用。直播是一种基于网络平台和移动应用程序提供的以同步和跨模态（文本、声音、图像）交互为特征的视频流服务（Cunningham et al.，2019）。国外知名的直播平台包括 Facebook、Instagram、YouTube 等，国内用户量较大的直播平台主要有抖音、斗鱼、快手等。与以往传统的流媒体形式不同，直播具有社交媒体功能，主播通过画面向观众实时分享播报信息，观众则可以通过点赞、评论、分享等行为即时回应主播，从而实现二者的双向互动。主播和观众是直播中最重要的双边参与方，主播需要通过与观众的高效互动吸引粉丝，实现商业变现；而观众则通过观看符合自身喜好的直播内容，得到精神满足。

直播行业在中国历经十余年生长，已成为平台经济领域的中流砥柱，行业格局稳固，主体参与多元，市场脉络细分。直播行业在中国的蓬勃发展得益于政策扶持、技术赋能、用户规模三方面：第一，政策扶持。中共中央、国务院高度重视数字经济发展，党的二十大对加快建设数字中国作出重要部署，并强调要不断做强做优做大我国数字经济①。为响应国家号召，推动数字中国建设，各级政府纷纷出台扶持政策，以最大化发挥直播在拉动数字经济方面的重要作用。例如，2020 年 6 月，北京发布《北京市促进新消费引领品质新生活行动方案》，推动实体商业推广直播卖货等新模式②；2021 年海口市印发《海口市支持发展直播电商产业若干措施（暂行）》，高补贴可达 1500 万元，全方位保障电商行业在海口的稳定发展③；2022 年珠海香洲区商务局印发《香洲区加快发展直播电商经济的若干措施》，单项最高给予 800 万元奖励，以多亮点和大力度地支持直播电商经济发展④。第二，技术赋能。5G、人工智能、大数

① 何立峰：《国务院关于数字经济发展情况的报告——2022 年 10 月 28 日在第十三届全国人民代表大会常务委员会第三十七次会议上》，http://www.npc.gov.cn/npc/c2/c30834/202211/t20221114_320397.html。

② 《频获利好！全国 22 地出台直播电商扶持政策》，https://www.iimedia.cn/c1040/73075.html。

③ 海口市人民政府：《海口市支持发展直播电商产业若干措施（暂行）》，http://www.haikou.gov.cn/xxgk/szfbjxxgk/zcfg/fzsx/202012/P020210121395248870171.pdf。

④ 珠海市香洲区人民政府办公室：《香洲区加快发展直播电商经济的若干措施（试行）》，http://www.zhxz.gov.cn/attachment/0/337/337284/3507099.pdf。

据、元宇宙等互联网技术的进步为直播发展提供技术支持。5G 技术让直播零延迟成为可能，显著提升了直播的用户体验，元宇宙的兴起推动了虚拟现实等先进技术的发展。在线直播以新技术作为驱动不断创新直播模式，例如推出 VR、AR、MR 三种不同类型的直播方式。其中，VR 技术让直播画面呈现出 3D 的立体效果，AR 技术将虚拟形象与现实直播相融合，MR 技术可以将虚幻场景整体呈现在直播现场。第三，用户规模。中国互联网络信息中心（CNNIC）2022 年 8 月 31 日发布的《第 50 次〈中国互联网络发展状况统计报告〉》显示，截至 2022 年 6 月，我国网络直播用户规模达 7.16 亿，占网民整体的 68.1%。其中，电商直播用户最多，为 4.69 亿，其次是游戏直播用户，规模为 3.05 亿[①]。艾媒咨询（iiMedia Research）发布的《2021 年度中国在线直播行业发展研究报告》显示，有 46.1%国内在线直播用户一周内观看直播的次数在 4～5 次，超过六成的用户观看直播的平均时长在 30 分钟至 1 小时之间[②]。中国网民数量庞大，直播用户井喷增长。

2. 主播抢流竞争激烈

“全民皆主播，万物皆可播”的趋势引发主播激烈的抢流竞争。《中国网络表演（直播与短视频）行业发展报告（2022—2023）》显示，截至 2022 年，直播行业主播账号累计超 1.5 亿[③]。由此可见，主播市场规模庞大，流量获取竞争激烈。流量对于主播来说是非常重要的影响因素，是衡量主播价值的重要指标，能够在很大程度上影响到一场直播的成败。因此，主播想要在直播行业生存，就必须在流量的获取上取得先机。并且，直播行业的头部效应十分显著，头部主播对直播平台的商业价值驱动明显，因此已抢夺走绝大部分流量，大部分从业者只在极小份额内厮杀，这意味着广大中腰部主播要抢占剩余流量，无疑又加重了抢流竞争的激烈性。头部主播往往采取推出助播填补非流量高峰时段的空缺或扶持自己的中腰部主播的方式以持续掌握流量，而中腰部主播则往

---

① 中国互联网络信息中心：《第 50 次〈中国互联网络发展状况统计报告〉》，http://www.cnnic.cn/n4/2022/0914/c88-10226.html。

② 《艾媒咨询｜2021 年度中国在线直播行业发展研究报告》，https://www.iimedia.cn/c400/83735.html。

③ 中国演出行业协会：《中国网络表演（直播与短视频）行业发展报告（2022—2023）》，http://baike.baidu.com/item/%E4%B8%AD%E5%9B%BD%E7%BD%91%E7%BB%9C%E8%A1%A8%E6%BC%94%EF%BC%88%E7%9B%B4%E6%92%AD%E4%B8%8E%E7%9F%AD%E8%A7%86%E9%A2%91%EF%BC%89%E8%A1%8C%E4%B8%9A%E5%8F%91%E5%B1%95%E6%8A%A5%E5%91%8A%282022-2023%29/62983907?fr=ge_ala。

往另辟蹊径，挖空心思创新直播，寻找创造流量暴发的关键节点。

3. 吸粉成为生存关键

在流量为王的直播竞争法则下，吸粉成为主播生存关键。不少中腰部主播希望凭借独特的竞争优势，分割份额不多的市场流量，实现商业变现，得以生存。例如，部分搞笑才艺主播，凭借流传网络热词，或是魔性洗脑的 BGM，在全网收获超千万粉丝。凭借强大的吸粉能力，一些高流量主播已开办公司，接拍商业广告，成功地实现了商业变现。再如，一些热度较高的女主播，凭借御姐的外形，搭配软绵绵、娇滴滴的温柔声线形成强烈反差，让观众直呼“上头”，斩获一众粉丝。而还有一些主播另辟蹊径，开创了全新“默播、泪播、静播（行为艺术）”的直播风格，直播时不说话，一边流泪一边直播，开创了仅凭借动作语言吸粉的新颖直播方式。那么（What）直播视频中吸粉效果的影响因素有哪些？（Why）这些因素影响吸粉效果的中介机制是什么？（How）如何基于直播视频预测吸粉效果？目前，业界尚无明确答案。

4. 算力、算法、算据要求较高

吸粉效果的影响因素，在直播视频中如面部表情、重复强调、身体前倾等比较抽象，又涉及文本、声音、图像三种非结构化数据，需要计算机视觉和多模态机器学习处理，对算力、算法、算据要求较高。非结构化数据包含了所有结构化数据所不能涵盖的信息，它难以被定义或搜索（Blogging，2021）。常见的非结构化数据包含文本、声音、图像，视频数据是这三种非结构化数据的集成，其中文本数据记录关键信息，声音数据提供视频片段的声音信息，而图像数据则给出一些具体生动的视觉描述（Guo et al.，2019）。因此，相比于单一的文本、声音、图像数据，视频数据已经成为增长最快（Yang et al.，2021；Zhang et al.，2019）和份额最大（Cisco Video Networking Index，2021）的非结构数据来源之一。YouTube 平均每分钟产生 300 小时的视频内容（Stancheva，2023），Facebook 每天的视频内容浏览量超过 80 亿次（Osman，2022），Netflix 平均每天产生 1.648 小时的视频观看（Meadows，2019）。直播行业的蓬勃发展激发了大量非结构化视频数据的涌现，文本、声音、图像非结构化数据为营销人员提供前所未有的分析机遇，但同时，处理大量非结构化数据对算力、算法、算据的高要求也成了业界的实操难点。

1.1.2 理论背景

上述业界问题在学界转化为四个理论问题：第一，（What）直播视频中吸粉效果的影响因素有哪些？第二，（Why）这些因素影响吸粉效果的中介机制是什么？第三，（How）如何基于直播视频预测吸粉效果？第四，（Method）定性访谈、计算机视觉和多模态机器学习的混合方法如何实现从心理到行为的分析，从定性到定量的验证？

1. 吸粉效果的影响因素

吸粉效果的影响因素较为抽象。吸粉是一种说服尝试，它通过唤起观众跟随主播的意愿进而产生关注行为（Casaló et al.，2020）。关于说服尝试的经典理论说服知识模型（Persuasion Knowledge Model，PKM）指出，成功的说服需要三种知识：主题知识、说服知识和目标知识。其中，说服知识是三种知识的核心，能用来解释主播吸粉这一说服行为。说服知识包含三个维度：一是情感，它通常与主播的语言情感、面部表情、眼神注视、声音音高相关。二是认知，与主播传达信息的能力相关，主播可以通过使用重复强调或比喻语言来加强。三是技巧，主播可以通过训练加以提升，比如身体前倾、头部朝向、声音语速、声音响度、流畅程度。然而，学界对直播吸粉的研究极少，仅有的几篇主要采用实验室研究，依赖软数据，结论主要为定性，无法提供定量指导。

2. 吸粉效果的中介机制

吸粉效果的中介机制有待探讨。以往关于直播主播的研究多探索观众心理变量的中介作用，如感知信任、情感认同、感知娱乐性等，多借鉴成熟量表，采用问卷测量。由于吸粉是一种说服行为，通过传递信息而进行有意识的尝试（Bettinghaus & Cody，1994），能促使说服对象行动或改变行为，因此，说服力是较为恰当的中介变量。但在直播视频中，说服力涉及文本、声音、图像三种数据模态，没有现成的测量方法。因此，需要引入多模态机器学习予以测量，以检验说服力的中介机制。

3. 吸粉效果的预测方法

吸粉效果的预测方法研究有限。回顾学界相关研究发现，关于直播主播吸粉的研究极少，Wang et al.（2021）关注主播类型对观众关注意愿的影响，指出相比于品牌主播，名人主播对观众关注意愿的影响更显著，并且这一因素还受到产品类别的调节，当名人（相对于品牌）主播推荐享乐（相对于功利）产品时，消费者更有可能关注直播品牌社区。然而，该研究尚未给出明确的观众关注意愿预测方法，无法为主播提供明确的指导。

4. 计算机视觉和多模态机器学习

计算机视觉和多模态机器学习为非结构化数据提供分析工具。非结构化直播视频蕴含高价值的行为数据，有待探索和分析，常需要使用计算机视觉和多模态机器学习处理，对算法、算力、算据的要求较高。就学界而言，也只有极少数研究关注视频（Lin et al.，2021）。虽然有学者利用先进的深度学习算法将直播视频转换为文本以构建主播层面变量的实时度量（Song et al.，2022），但如何充分挖掘视频中的文本、声音、图像数据信息，以还原直播吸粉业务场景，探索主播吸粉效果影响因素、中介机制以及预测方法尚无答案，有待研究。

1.1.3 研究问题

结合以上的现实背景和理论背景，发现“主播吸粉效果”存在研究空白，尚有研究机会。其包含三个研究问题，需要基于直播视频来解答。

问题 1：（What）直播视频中吸粉效果的影响因素有哪些？

问题 2：（Why）这些因素影响吸粉效果的中介机制是什么？

问题 3：（How）如何基于直播视频预测吸粉效果？

1.2 研究内容与研究目标

1.2.1 研究内容

针对以上三个研究问题，本书确立了研究内容。①What：直播视频中吸粉效果的影响因素有哪些？结合直播视频和说服知识理论，基于三种因素筛选出 12 个自变量。一是情感说服因素：积极语言、面部表情、声音音高、眼神注视。二是认知说服因素：重复广度、重复深度、比喻语言。三是技巧说服因素：身体前倾、头部朝向、声音语速、声音响度、流畅程度。②Why：这些因素影响吸粉效果的中介机制是什么？在多模态机器学习中，选择图记忆融合网络（Graph Memory Fusion Network，GMFN），既测量说服力，以检验中介效应；又评估各模态对说服力的动态影响，以可视化中介过程。③How：如何基于直播视频预测吸粉效果？将 12 个变量（粗粒度，coarse－grained）分解为 323 维特征（细粒度，fine－grained），应用算力消耗较少的长短时记忆网络（Long Short－Term Memory，LSTM），经过四方面对比尝试（单模态 vs. 多模态，数据对齐 vs. 数据非对齐，数据融合 vs. 数据非融合，早期融合 vs. 晚期融合），选择最优吸粉效果预测模型。

1. 吸粉效果的影响因素

吸粉是一种通过唤起观众跟随主播的意愿进而产生关注行为的说服尝试（Casaló et al.，2020），根据说服知识模型，说服知识能用来解释主播吸粉这一说服行为。说服知识包含三个维度，因此将 12 个吸粉变量划分为情感说服变量、认知说服变量、技巧说服变量三种。聚焦于这 12 个变量，展开实证研究，量化 12 个变量对吸粉效果的影响关系。

（1）情感说服变量影响吸粉效果。

情感说服知识指说服主体对于说服信息的态度和信念，通常会被主播的语言情感、面部表情、眼神注视、声音音高影响。首先，积极的文本信息传递在描述事实时会产生更好的说服效果（Tversky & Kahneman，1985），因此，一个具有积极语言情感的主播应该更能吸引观众。因为以往研究表明文本情感会影响用户的消费行为，例如网络评论中的情感意见会形成网络口碑，进而对产品销售产生重大影响（Archak et al.，2011；Weber & Wirth，2014）。其次，主播愉悦的面部表情也有利于吸粉。积极的面部表情会引发人类的接近倾向感知，主播常展示愉悦的面部表情会拉近与观众的心理距离，进而达到良好的吸粉效果。再次，主播与观众频繁的眼神注视也能对吸粉效果产生影响。目标接触是人与人之间最重要的社会互动途径之一，也是促进亲社会行为的有效线索（Cañigueral & Hamilton，2019；Kelsey et al.，2018；Vaish et al.，2017），当主播与观众眼神接触，再与相匹配的面部表情相吻合时，可能会引发观众更强烈的情绪反应（Adams Jr & Kleck，2003，2005），进而产生关注行为。最后，声音音高也会影响吸粉效果。音高常与情感表达相关联（Fairbanks & Pronovost，1939；Lynch，1937），并对听者的可信度和吸引力感知产生影响。低沉的声音常被认为更值得信赖、更有吸引力和主导力。

综上所述，主播的语言情感、面部表情、眼神注视、声音音高可能会影响吸粉效果。其对主播吸粉效果的具体影响如何？本书将量化探索 4 个情感说服变量——语言情感、面部表情、眼神注视、声音音高对吸粉效果的影响。

（2）认知说服变量影响吸粉效果。

认知说服知识常指说服主体关于隐藏的目标和意图的理解，它与主播直播话术的重复程度和比喻语言相关。重复行为对于说话人传递信息总是有帮助的，重复强调好处的有力词汇或短语将加深观众的印象（Kirova，2020）。与第一次接触的信息相比，人们更倾向于重视被重复一次的陈述（Begg et al.，1992）。在直播中，主播通常会强调多处重要信息，并重复多次。此外，比喻语言的使用也会有利于主播吸粉。因为比喻语言能使得谈话更有趣、更有吸引力、更令人难忘，由此提升主播的说服力。

综上所述，主播的重复广度、重复深度、比喻语言可能会影响吸粉效果。然而其对主播吸粉效果的具体影响如何？本书将量化探索 3 个认知说服变量——重复广度、重复深度、比喻语言对吸粉效果的影响。

（3）技巧说服变量影响吸粉效果。

技巧说服知识常指说服主体为传达说服尝试信息所做出的具体行为反应，可能被以下 5 方面影响：第一，身体前倾。在直播中，主播通常在镜头前来回踱步以展示产品或适当拉近与观众的距离，因此，前倾姿势会通过拉近与观众的物理距离和心理距离来增加说服力（Burgoon et al.，1990），有助于吸引粉丝。第二，头部朝向。Leigh & Summers（2002）的研究指出，销售人员相对适当的头部朝向比频繁或较少的点头更有可能被判定为更有趣、更情绪化、更可信和更个人化。因此，主播的头部朝向与影响观众感知从而产生关注行为紧密相关。第三，流畅程度。声音流畅程度与感知能力之间的正相关关系已经在以往研究中得到验证（Lay & Burron，1968；Miller & Hewgill，1964）。Ketrow（1990）在对电销人员语音和说服力的探究中指出，说话流利，很少有停顿、不自然的犹豫或结巴的声音有助于说话者获得更大的可信度和社会吸引力。因此，主播的声音流畅度可能会影响吸粉效果。第四，声音语速。研究普遍发现，说话速度适中和语速较快的人被认为比语速较慢的人更聪明、更有能力、更自信、更可信、更有社交吸引力和表达更高效（Buller et al.，1992；Perloff，1993；Putman & Street Jr，1984；Skinner et al.，1999）。因此，在直播中，主播适当地提升语速，不仅能在有限的时间中传递出更多的信息，也会更有利于吸粉。第五，声音响度。说话音量通常与“优势的”“自信的”的感觉相关（Mehrabian，2015），当说话人音量较高时更容易被判别为“热情的”“有力的”“积极的”“能干的”。因此，吸粉效果可能与主播的声音响度有关。

综上所述，主播的身体前倾、头部朝向、流畅程度、声音语速、声音响度可能会影响吸粉效果。然而其对主播吸粉效果的具体影响如何？本书将量化探索 5 个技巧说服变量——身体前倾、头部朝向、流畅程度、声音语速、声音响度对吸粉效果的影响。

2. 吸粉效果的中介机制

吸粉是通过传递信息而进行的有意识的说服尝试（Bettinghaus & Cody，1994），而促使说服对象行动或改变行为的信息具有说服力。因此，说服力是较为恰当的中介变量。说服力的测量方法：首先，对 2297 个直播视频打标签，为每一个视频赋予 1～7 分的说服力评分；其次，在检验打标签的准确性后，将训练集、验证集和测试集以 6∶2∶2 和 8∶1∶1 的分配比例开展训练，应用 GMFN 以预测说服力。以说服力作为中介变量，连接 12 个自变量与吸粉效果的研究内容如下：

第一，情感说服变量对吸粉效果的中介效应，探索积极情感、面部表情、眼神注视、声音音高如何通过影响主播说服力，进而影响吸粉效果。

第二，认知说服变量对吸粉效果的中介效应，探索重复广度、重复深度、比喻语言如何通过影响主播说服力，进而影响吸粉效果。

第三，技巧说服变量对吸粉效果的中介效应，探索身体前倾、头部朝向、流畅程度、声音语速、声音响度如何通过影响主播说服力，进而影响吸粉效果。

第四，情感说服变量、认知说服变量、技巧说服变量对说服力的中介过程分析。

3. 吸粉效果的预测方法

吸粉效果的影响因素和中介机制研究验证了 12 个自变量对吸粉效果的影响关系，解答了 What，解释了 Why。基于 What 和 Why 的研究内容支撑，进一步探讨吸粉效果的预测方法，以解决最后一个研究问题：How。具体而言，选用 LSTM 作为预测模型，原因有二：第一，LSTM 是 GMFN 的组件之一，继承 GMFN 模型对本研究的有效性；第二，LSTM 属于轻计算模型，参数少，算力消耗少，运行速度更快，运营成本更低，方便业界使用。在具体建模时，还将 12 个变量分解为 323 维特征，以细化数据粒度，支撑更细致分析。经过四方面对比尝试（单模态 vs. 多模态，数据对齐 vs. 数据非对齐，数据融合 vs. 数据非融合，早期融合 vs. 晚期融合），选择最优吸粉效果预测模型。

1.2.2 研究目标

本书的研究目标为在理论上解释 3 个问题，在实践上提供 3 个借鉴，具体如下：

在理论上解释 3 个问题。第一，What：直播视频中吸粉效果的影响因素有哪些？第二，Why：这些因素影响吸粉效果的中介机制是什么？第三，How：如何基于直播视频预测吸粉效果？

在实践上提供 3 个借鉴。第一，把研究结果和结论转化为现实直播中主播吸粉策略的优化建议，为现实直播企业、直播主播提供理论支撑和经验借鉴。第二，把基于直播视频处理和分析文本、声音、图像等非结构化数据的计算机视觉和多模态机器学习方法转化为营销研究方法，为学界分析视频数据、业界分析吸粉效果提供参考。第三，把吸粉预测模型应用于实践，为现实直播企业和主播预测吸粉效果提供方法借鉴。

1.3 研究思路与研究方法

为了回答以上三个研究问题，实现研究目标，制定研究思路并选择研究方法。

1.3.1 研究思路

本书所遵循的总体思路为识别营销问题，找出研究机会，解释理论现象，解决实践难题。具体来讲，分为四个步骤：

首先，识别营销问题。观察现实中影响吸粉效果的因素，识别出业界关注但学界尚无定论的问题，将其拟定为研究方向。

其次，找出研究机会。基于研究问题，检索查阅相关文献，了解国内外研究现状、存在的研究空白，找出研究机会。

再次，解释理论现象。基于研究方向和已有的研究成果开展正式研究，包括建立概念模型、选择研究方法、获取数据样本、处理视频数据、分析研究数据、得出研究结果、总结研究结论。

最后，解决实践难题。将研究结论应用于实践，力求解决业界关注但未得到学界解答的难题，为业界开展营销实践提供策略借鉴和方法参考。

本书按照图 1-1 所示的技术路线展开。

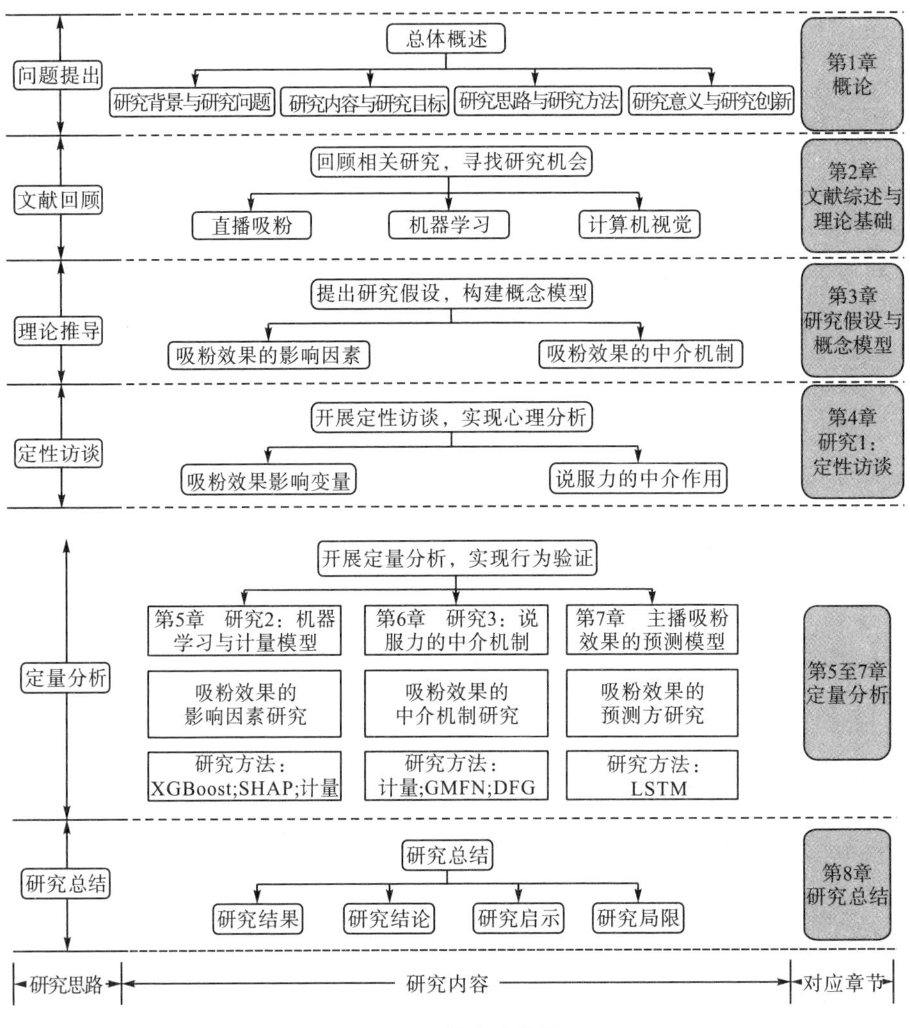

图 1－1　技术路线图

综上所述，本书共有 8 章，各章节内容如下：

第 1 章为概论。该章首先介绍了直播吸粉的现实背景和理论背景，然后提出研究问题，随后计划研究内容与研究目标，制定实现目标的研究思路与研究方法，最后总结研究意义与研究创新。

第 2 章为文献综述与理论基础。该章从直播吸粉、机器学习、计算机视觉、说服知识四个方面进行了较为全面的文献回顾，厘清了本书的研究脉络，为后文研究奠定理论基础。

第 3 章为研究假设与概念模型。基于前两章的内容，该章构建了主播吸粉效果的概念模型，针对三个研究问题进行变量间的关系推导，提出研究假设。

第 4 章为研究 1：定性访谈。该章采用定性研究方法——半结构化访谈，对第 3 章推导出的研究假设进行验证，从观众心理探索主播吸粉问题。

第 5 章为研究 2：机器学习与计量模型。该章基于直播视频数据进行分析，对主效应的相关研究假设进行验证。

首先，研究内容。该章研究共有四部分，分别为：①数据背景与变量说明，介绍数据背景，说明如何使用计算机视觉和多模态机器学习从非结构化数据（文本、声音、图像）中提取出结构化变量，并对整体变量进行描述性统计；②情感说服变量对吸粉效果的影响研究，探索积极情感、面部表情、眼神注视、声音音高是否对吸粉效果存在影响；③认知说服变量对吸粉效果的影响研究，探索重复广度、重复深度、比喻语言是否对吸粉效果存在影响；④行为说服知识变量对吸粉效果的影响研究，探索身体前倾、头部朝向、流畅程度、声音语速、声音响度是否对吸粉效果存在影响。

其次，研究方法。采用机器学习与计量模型两种方法，进行吸粉效果的影响因素研究。一是采用极限梯度提升（eXtremely Gradient Boosting，XGBoost）模型建立 12 个变量影响吸粉效果的预测模型；二是使用 SHAPley（SHAP）解释框架对 XGBoost 模型中的变量重要性进行评估，以评价 12 个变量对吸粉效果的影响；三是建立计量模型，对 12 个变量对吸粉效果影响的显著性进行评估。

第 6 章为研究 3：说服力的中介机制。该章基于主播吸粉效果的影响因素分析，进一步探索 12 个变量影响吸粉效果的中介机制，对中介效应的相关研究假设进行验证。该章研究共有三部分，分别为：①中介测量，应用多模态机器学习 GMFN 测量中介变量说服力；②中介结果，将说服力的预测值带入 Sobel test 中检验中介效应；③中介过程，应用 GMFN 的内置组件即动态融合记忆网络（Dynamic Fusion Graph，DFG）可视化 12 个变量对说服力的动态异质中介过程。

第 7 章为主播吸粉效果的预测模型。基于吸粉效果的影响因素和吸粉效果的中介机制的研究内容，该章应用长短时记忆网络作为预测模型，经过四方面的对比尝试，为业界提供了一个端到端的吸粉预测模型。

第 8 章为研究总结。该章汇总研究成果，总结研究结论，展望研究启示，分析研究局限。

1.3.2 研究方法

遵循上述研究思路，本书采用定性访谈、计算机视觉、多模态机器学习、统计计量的混合方法，展开主播吸粉效果的研究，主要涉及以下四种研究方法：

第一，文献分析法。文献分析主要指收集、鉴别、整理文献，并通过对文献的研究，形成对事实的科学认识。通过收集和整理直播吸粉、机器学习、计算机视觉三方面的相关研究，回顾关于说服尝试的经典理论，厘清影响主播吸粉效果的关键因素及其中介机制，选择适合分析直播视频数据的机器学习方法。

第二，定性访谈法。访谈法是定性研究方法的一种，访谈者通过有目的地与受访者进行口头交谈或向其提出一系列问题了解受访者的认知、态度和行为（Broom，2005）。通过开展定性访谈，从观众心理探索主播吸粉问题，进一步了解观众的主观体验和感受（贾旭东 & 谭新辉，2010）。

第三，统计分析法。实证分析需要对数据进行定量分析，以探索变量关系，检验研究假设。本书通过描述性统计分析、回归分析、Sobel test，分析主播吸粉效果的影响因素以及中介机制。

第四，机器学习方法。机器学习方法的使用体现在两方面：一是使用机器学习方法将非结构化视频转化为结构化数据。从视频中分离出图像和音频，将音频转化为文字，得到文本、声音、图像三种非结构化数据，为后续的实证分析提供基础。二是使用机器学习方法进行实证分析。比如在第 5 章“研究 2：机器学习与计量模型”中，构建 XGBoost 预测模型，并使用 SHAP 可解释框架分析机器学习模型结果，检验吸粉效果影响变量的重要性；在第 6 章“研究 3：说服力的中介机制”中，应用多模态机器学习 GMFN 以预测说服力，并使用其内置组件 DFG 可视化中介过程；在第 7 章“主播吸粉效果的预测模型”中，构建机器学习模型 LSTM，为业界提供吸粉效果预测模型。

1.4 研究意义与研究创新

本书的研究意义在于验证理论关系、解释现实现象、解决实践难题。具体如下：

1.4.1 研究意义

基于直播视频数据，使用定性访谈、计算机视觉和多模态机器学习的混合方法，探索了主播吸粉效果的影响因素以及中介机制，为业界提供了一个端到端的吸粉预测模型，具有四点理论意义和四点实践意义。

1. 理论意义

第一，识别新自变量——12 个吸粉效果影响变量。基于说服知识理论，从情感、认知、技巧三个维度识别出 12 个吸粉效果影响变量。其中，情感说服变量包括积极情感、面部表情、眼神注视、声音音高，认知说服变量包括重复广度、重复深度、比喻语言，技巧说服变量包括身体前倾、头部朝向、流畅程度、声音语速、声音响度。这 12 个变量由说服知识理论推导而来，经过视频数据检验，因此兼具内部效度和外部效度。探索吸粉效果的影响因素拓展了说服知识理论，丰富了直播相关研究。

第二，测量新中介变量——说服力。以往研究大多采用成熟量表测量说服力这一变量，而在直播视频中，说服力涉及文本、声音、图像三种数据模态，没有现成的测量方法。因此，本书引入多模态机器学习 GMFN，将训练集、验证集和测试集以 6∶2∶2 和 8∶1∶1 的分配比例开展训练，以测量说服力，构建说服力的多模态测量方法。

第三，探索新中介变量——说服力。将说服力作为中介变量，探索 12 个吸粉变量影响吸粉效果的中介机制。不仅使用 Sobel test 检验中介效应，同时还应用 DFG 可视化中介过程。以往研究多探索感知信任（Huang et al.，2020；Z. Zhang et al.，2022；李吉艳 & 李林泽，2022）、情感认同（罗鑫宇 & 董金权，2021；范均等，2021）、感知娱乐性（Meng et al.，2021）等心理变量在直播观众行为中的中介作用。本书探索说服力的中介效应，不仅检验了中介结果，还可视化了中介过程，丰富了直播吸粉的中介研究。

第四，采用新研究方法——定性访谈、计算机视觉和多模态机器学习的混合方法。定性分析和定量分析分别从心理和行为两方面提供了理论见解，机器学习和计量模型实现了实证结果的交叉检验，增强了研究结果的稳健性。

2. 实践意义

第一，有利于业界明晰吸粉效果的影响因素，提升主播说服技能。为业界制定精准可行的吸粉策略，主播抢占粉丝流量、实现商业变现提供理论借鉴。直播行业竞争激烈，头部主播占据大量的市场份额，大部分中腰部主播只能在极小份额内厮杀，他们往往挖空心思创新直播，以寻找创造流量暴发的关键节点。主播若缺乏流量基础，很难实现商业变现，最终惨遭淘汰。可见，吸粉已成为亟待关注的行业焦点，主播亟待提升吸粉技能。因此，研究吸粉效果的影响因素能为业界提供量化指导，有利于帮助主播改进直播表现，提升吸粉技能，掌握竞争能力。

第二，有利于业界理解吸粉效果的作用机制，帮助实现吸粉目标。已有的研究多探索心理变量在直播观众行为中的中介机制，依赖于软数据，难以为业界提供定量指导。本书构建出说服力的多模态测量方法，以此探索说服力的中介作用，理解 12 个变量影响吸粉效果的作用机制。关于中介机制的结论不仅为业界进一步了解主播吸粉过程提供理论参考，还可为企业测量主播说服力、优化主播表现提供方法依据。

第三，为业界预测吸粉效果提供一个机器学习模型。已有直播研究较少关注吸粉问题，对于业界关心的吸粉效果预测尚不明晰，不能预测主播吸粉表现。本书采用 LSTM，经过四方面对比尝试，为业界提供了一个端到端的吸粉预测模型。企业在应用时只需输入原始视频，让模型自己学习特征，最终直接输出结果即可。此外，企业可在输入数据中加入或在全连接层增加对应的“人、货、场”控制变量，可提升预测准确率，经测试可达 90%以上。

第四，为学界分析视频数据、业界分析吸粉效果提供方法参考。定性访谈、计算机视觉、多模态机器学习方法的混合方式，提供了分析直播吸粉的新思路。如今，企业中 80%的数据都是非结构化的（Harbert，2021）。特别地，直播的快速发展催生出大量的非结构化数据，然而受限于处理非结构化数据对算法算力算据的高要求，业界尚未充分利用视频数据，数据价值还有待挖掘。本书以直播吸粉视频为数据基础，利用定性访谈分析观众心理，多模态机器学习定量测量心理变量；利用计算机视觉等定量分析观众行为，机器学习方法组合评估行为变量重要性，以充分挖掘和利用视频数据信息，还原真实业务场景。

1.4.2 研究创新

本研究在新理论、新变量、新方法三方面，共有四点创新，具体如下：

第一，新理论——自变量。从说服知识的三个维度识别出 12 个吸粉效果影响变量。其中，情感说服变量包括积极情感、面部表情、眼神注视、声音音高，认知说服变量包括重复广度、重复深度、比喻语言，行为变量包括身体前倾、头部朝向、流畅程度、声音语速、声音响度。通过定性访谈验证了 12 个吸粉变量，并通过实证分析量化了 12 个变量对吸粉效果的影响关系。

第二，新变量——说服力。基于三类非结构化数据（文本、声音、图像），引入 GMFN，构建说服力的多模态测量方法。具体做法：首先对 2297 个直播视频打标签，为每个视频赋予 1~7 分的说服力评分；其次在检验打标签的准确性后，训练集、验证集和测试集以 6∶2∶2 和 8∶1∶1 的分配比例开展训练，以测量说服力。

第三，新理论——中介变量。检验说服力对 12 个自变量的中介效应，可视化说服力对 12 个自变量的中介过程。通过 Sobel test 检验了说服力的中介作用，采用 DFG 可视化了 12 个自变量对说服力的动态异质中介过程。

第四，新方法——定性访谈、计算机视觉和多模态机器学习的混合方法。第一是定性访谈，主要从观众心理来探索吸粉效果问题，定性验证 12 个变量的影响和说服力的中介。第二是计算机视觉，测量图像变量（面部表情、头部朝向、眼神注视、身体前倾）。第三是多模态机器学习，基于专业人员的打标签记录，用 GMFN 动态分析三模态非结构化数据（文本、声音、图像），测量每个直播视频的说服力。此外，还采用经典机器学习方法组合，将 12 个变量交互效应全部分摊到 12 个变量各自的主效应上，以评估 12 个变量对吸粉效果的绝对和相对影响，使得主效应系数估计更加准确；并辅以计量模型验证显著性。利用定性访谈定性分析观众心理，多模态机器学习定量测量心理变量；利用计算机视觉定量分析观众行为，机器学习方法组合评估行为变量重要性。为将研究结果转化为管理建议，结合理论驱动和数据驱动，平衡参数数量和算力消耗，筛选端到端的轻计算模型来预测吸粉效果，并细化数据粒度以提升预测准确率。这些方法的混合方式可为学界分析视频数据、业界分析吸粉效果提供参考。

2 文献综述与理论基础

本章回顾直播吸粉、机器学习、说服知识的相关研究。

第一，直播吸粉的相关研究。影响吸粉效果的因素主要有主播的面部表情、重复强调、身体前倾等与说服力相关的因素。但目前对直播吸粉的研究多关注相对固定的“人、货、场”等因素，无法为主播提供精准的定量指导。

第二，机器学习的相关研究。机器学习包含处理不同任务的广泛方法（Ma & Sun，2020），适用于分析直播视频，以解析视频中包含文本、声音和图像的多模态数据。其中，文本机器学习有 BERT、GPT1、GPT2、GPT3、GPT4 等。本书调用阿里云 API 接口（主要算法为 word2vec）处理文本数据，一是因为它与 BERT、GPT1、GPT2、GPT3、GPT4 算法本质一致，二是因为其底层的各类数据更契合直播电商场景。声音机器学习有 librosa、pyAudioAnalysis、praat－parselmouth 等。本书使用 COVAREP 提取声音特征，是因为 COVAREP 能提取 74 维特征，而 librosa 仅能提取 20 维。图像机器学习有 Xception、EfficientNet、Inception－ResNet 等，本书所应用的图像机器学习主要是计算机视觉，具体应用 OpenFace2.0 处理图像数据，实现面部地标检测、头部朝向估计、面部动作单元识别和眼神注视估计的多任务实时分析（Baltrusaitis et al.，2018）。多模态机器学习有张量融合网络（Tensor Fusion Network，TFN）、循环多阶段融合网络（Recurrent Multistage Fusion Network，RMFN）、多模态分解模型（Multimodal Factorization Model，MFM）、多模态循环转换网络模型（Multimodal Cyclic Translation Network model，MCTN）等，本书应用图记忆融合网络（Graph Memory Fusion Network，GMFN），是因为 GMFN 不仅能同时学习模态内和模态间的信息，还能可视化模态的动态融合过程。

第三，说服知识的相关理论。根据说服知识模型，说服知识包含情感、认知、技巧三个维度，适合于解释主播吸粉这一说服尝试。因此，本书采用说服知识作为理论基础，探究主播吸粉。

2.1 直播电商

回顾相关研究发现，影响吸粉效果的关键因素在于主播说服力，在直播视频中表现为语言情感、比喻语言、重复广度、重复深度、声音响度、声音音高、流畅程度、声音语速、身体前倾、头部朝向、眼神注视、面部表情等较为抽象的因素。但目前对影响吸粉效果的因素探讨多聚焦于相对固定的“人、货、场”，如年龄性别、产品类别、直播间特征等，无法为主播提供精准的定量指导。回顾直播电商相关文献如下：

2.1.1 电子商务

直播作为新兴的电子商务营销渠道，自 2019 年以来快速发展（Wang et al.，2022），2022 年全球的市场估值约为 280 亿美元（Maximize Market Research，2020），预计在未来几年市场规模将进一步扩大（Research & Markets，2022）。直播带货是电子商务发展的新阶段，正处于高速发展期。作为一种新型电商零售形式，直播带货呈现出直播内容定制化、用户社交流量化和多平台扩散融合化的特征，形成了社交机制、内容机制和电商机制等新型电商的运行机制。直播带货进一步缩短了生产与消费的距离，具有强大的带货能力，能激发更大的消费潜力，为提升消费水平提供强大助力（李钊阳等，2021）。

1. 电子商务的定义

电子商务（Electronic Commerce，E－commerce），简称电商。该概念早在 20 世纪 70 年代进入商业领域，包括通过电子连接进行的任何形式的经济活动（Wigand，1997）。Poong et al.（2006）指出，电商有七个独有的特征：无处不在、全球覆盖、通用标准、丰富性、互动性、信息密集和个性化/定制性。任何拥有网络设备的人都可以随时随地连接到互联网进行电子商务。此外，电子商务使全球数十亿潜在的消费者和企业能够参与商业活动。电子商务包含许多内容，例如商品和服务的电子商务，数字信息的电子交付、电子拍卖、对消费者的直接营销等。电子商务可以广泛应用于电子贸易。电子商务是由具有不同人口统计背景的不同用户进行的，他们从不同角度定义电子商务。Ngai & Wat（2002）指出，人们对使用电子商务（EC）作为执行商业交易的手段越来越感兴趣。对许多企业来说，使用电子商务已成为当务之急；公司可以与其贸易伙伴进行“及时生产”和“及时交付”，可以提高其全球竞争力。Fichter（2002）将电子商务理解为商业的一部分，它还包括视频会议和远程办公等。根据目前可用的定义，术语“电子商务”可以定义为：业务流程、商业活动或其他经济任务。电子商务是一个强大的概念和过程，从根本上改变了人类生活的潮流。电子商务是信息技术和通信革命在经济领域的主要标志之一（Nanehkaran，2013）。它的影响已经出现在从客户服务到新产品设计的所有商业领域。它促进了新型的基于信息的业务流程，如在线广告和营销、在线订单接收和在线客户服务等与客户接触和交互中（Gangeshwer，2013）。Shahriari et al.（2015）将电子商务定义为使用计算机网络（如互联网）进行产品或服务交易。它利用了移动商务、电子资金转移、供应链管理、互联网营销、在线交易处理、电子数据交换（EDI）等技术，库存管理系统和自动化数据收集系统等。Kadam（2019）认为，电子商务是在互联网上购买和销售商品和服务。除了买卖，许多人在网上或传统商店购物之前，还使用互联网作为信息来源，比较价格或查看最新的商品。

综上可知，学者们对于电子商务的定义一致，即电子商务为基于互联网，通过计算机设备进行商品流通、交易认证和实现支付等的商务行为。

2. 电子商务类型

依据不同的划分标准，电子商务可以分为不同的类型。根据交易双方的性质，电子商务可以分为四类：企业对企业（Business－to－Business，B2B）、企业对客户（Business－to－Consumer，B2C）、客户对客户（Consumer－to－Consumer，C2C）、客户对企业（Consumer－to－Business，C2B）（Bato et al.，2003；Chen & Jeng，2003；Dhirendra & Vishal，2014；Kaur & Singh，2011；Zhao & Feng，2017）。具体如下：

企业对企业（B2B）电商，是指企业的注意力集中在向其他企业销售产品上。在B2B类型的电子商务中，企业与企业之间通过互联网进行产品、服务及信息的交换。B2B使企业之间的交易减少许多事务性的工作流程和管理费用，降低了企业经营成本。网络的便利及延伸性扩大了活动范围，企业跨地区、跨国界发展更方便。

企业对客户（B2C）电商，是最常见的电子商务交易类型，其中企业组织倾向于通过网页界面/网站或使用其他电子通信网络（如移动电话）直接向最终个人/群体客户销售产品/服务。简单来说，即一个客户通过一个商业组织的网站下了一个订单，该商业组织反过来处理订单并向客户提供产品。

客户对客户（C2C）电商，是发展最快的电子商务类型，在C2C电子商务中，商业组织作为买卖双方之间的中介机构，其主要作用是提供一个平台（网站）来宣传产品，有兴趣的买家可以通过直接的相互沟通从卖家那里购买产品。具体来说，即客户A在网站上宣传产品，感兴趣的买家客户B根据网站上列出的给定信息与客户A进行交流。最后客户A将产品卖给客户B，并从客户B收到货款。

客户对企业（C2B）电商，也称为“集体采购”或“联购”模式，指的是有相似需求的消费者可以通过潜在的产品供应商进行集体采购，以获得更大的议价能力，获得更低的价格。

根据电子商务的不同形式，电子商务可以分为五类：传统电子商务、社交电子商务、移动电子商务、内容电子商务和直播电子商务。

传统电子商务，指基于互联网，通过计算机设备进行商品流通、交易认证和实现支付等（Burt & Sparks，2003）。它所产生的购买行为通常是由互不认识的用户驱动的。在传统电商中，用户往往主动通过计算机或手机搜索信息、查看评论、比较订单等，沟通度有限并且较为耗时。

社交电子商务，作为对传统电子商务的衍生和改造，利用基于移动互联网的社交平台挖掘内容，建立用户关系，形成电子商务新的商业模式，为消费者提供个性化服务（Tang & Li，2021）。与传统电商相比，社交电商更注重用户和内容，基于良好的沟通和互动性，它可以更直接、便捷地推送产品，形成广泛的传播效应，使得社交电商在产品推广、数据管理等方面显示出巨大的生命力。

移动电子商务，被定义为所有通过无线（或移动）设备接口的通信网络进行的与商业交易相关的活动（Tarasewich et al.，2002）。移动电商将移动通信的优势与现有的电子商务服务相结合，包括移动设备、移动协议和基础设施在内的移动技术允许人们随时随地与个人或系统进行通信、交互和交换数据。移动性意味着用户可以携带手机或其他移动设备从移动网络区域的任何地方进行交易（Rask & Dholakia，2002）。无线设备的可达性使人们可以随时随地联系，为人们提供了便利（Ding et al.，2004）。

内容电子商务，由内容营销概念衍生而来，通常指通过生产优质内容（如短视频）吸引目标受众，引发其购买兴趣，进而达成营销目的（Baltes，2015；Hilker，2017）。据统计，内容电商的重要性正在增长，60%的B2B决策者表示，品牌内容有助于消费者更好地做出购买决定，而61%的消费者更可能从提供定制内容的公司购买（Gupta，2015）。

直播电子商务，就是利用数字平台上的视频内容，实时推广或销售产品和服务（Chevalier，2021）。与家庭购物电视不同的是，这种形式是完全数字化的，允许双向互动的交流。通过这种方式，用户几乎可以立即获得他们需要的任何信息，极大地促进了购买过程。

2.1.2 直播带货

回顾直播电商相关研究发现，学界的研究重点主要在带货和吸粉两方面。自直播作为一种直销渠道流行开来（Wongkitrungrueng et al.，2020），关于直播带货的研究层出不穷，大多数主要从消费者视角入手（Xiao et al.，2022；Xu et al.，2020），运用问卷调查和实验的方法（Cai et al.，2018；Lin et al.，2022）探究了直播中影响消费者购买意愿和购买行为的因素（Ko & Chen，2020；Wang et al.，2018）。然而，吸粉是直播主播成功的关键（Khamis et al.，2017），因为粉丝量是实现流量变现、带来积极结果的基础。回顾学界以往研究发现，对于主播吸粉的研究较少。因此，有必要基于视频数据对主播吸粉效果展开研究。

1. 直播带货概述

与电视购物频道类似，直播电商是一种在线购物的形式，提供了网红或名人与消费者之间的实时互动体验（Group，2020）。简单来说，直播电商就是直播和电商的结合。在电子商务的基础上，产品和服务可以通过直播进行销售，借助新兴的直播平台，消费者可以更直观地感受和理解相关产品、品牌和服务，提升购买体验（Lu & Nam，2021）。自2020年以来，直播行业蓬勃发展，作为一种高度社会化的营销模式，直播电商产生了巨大的价值，导致了市场购买力的飙升。直播电商以场景化的营销模式、人性化的主播表现、灵活化的货品供应吸引着越来越多的消费者，是数字信息时代网络直播与电子商务双向融合的重要产物。

与传统电商相比，直播电商主要有以下四点特别之处：

第一，亲切真实。直播电商使得主播和观众之间的实时互动成为可能。主播不仅可以实时回答问题，而且互动性也给电子商务带来了“人情味”。事实上，许多直播主播都会用亲昵的语言与观众沟通，引发共鸣。此外，直播电商的非脚本性和非计划性也构建了其真实性，这种真实性进一步使得观众信任主播和他们销售的产品，进而促进购买。

第二，趣味十足。在直播中，主播通常都具有趣味性和吸引力。头部网红主播们拥有几乎和明星媲美的流量号召力，同时还能与直播间观众实时互动，在极大程度上满足了用户“追星”的心理和娱乐需求，再加上网红主播们通过流量和个人号召力营造狂热的直播间购物氛围等，这些都提高了直播电商的用户渗透率，同时也让更多消费者热衷在直播间停留。

第三，折扣优惠。除了娱乐性以外，主播经常采用折扣的方法吸引观众收看每一场直播。主播通常会间歇性地提供赠品和限时优惠，以最大限度地利用观众害怕错过的心理。此种折扣优惠方式会诱发观众渴望获取赠送奖品或折扣兑现的心理，进而产生购买欲。

第四，自由便利。直播电商赋予观众某种程度的购买自由。在传统零售中，人们通常害怕亲自购物时面对盛情难却或咄咄逼人的销售人员，但在直播电商中，观众可以随时点击离开。此外，直播电商也使得网上购物变得更为便利。观众可以直观地看到主播试用或现场演示的产品，并且能实时互动以得到问题的解答。一些直播电商平台还推出新颖功能使观众购买产品更方便，这也极大地提高了观众的购买意愿。

2. 直播带货相关研究

现有的关于直播带货的文献可以按照数据来源划分为两类。

第一类主要从调查数据中探究消费者通过观看直播影响购物的动机（Ang et al.，2018；Cai & Wohn，2019；Ho & Rajadurai，2020；Hou et al.，2019；Leeraphong & Sukrat，2018；Sun et al.，2019；Wang & Wu，2019；Wongkitrungrueng & Assarut，2018）。这些研究主要利用使用和满足理论（如享受、信息寻求、社会存在）、技术相关动机（如技术接受模型）发现，消费者被直播带货吸引的因素包括产品信息、传播质量、享受性和社交临场感等，这些因素可以提高消费者对卖家或产品的体验和信任，从而提高他们的观看和购买意愿。

第二类主要从直播平台收集的现实数据探索消费者的实际行为。Zhang et al.（2019）从淘宝网收集销售和产品评论数据，比较了直播卖家与非直播卖家相同产品的每日销量，并比较了同一卖家在直播上销售的产品与不在直播上销售的产品的销量。他们发现，在卖家之间和卖家内部，直播产品的平均销量要比没有直播的产品高得多。Chen et al.（2019）获得了淘宝网的流媒体数据，使用双重差分法和倾向得分匹配方法来检验直播和销售之间的关系。他们发现，采用直播可以显著提高22%的销售额，尤其是体验类商品（如服装、服务），其销售额比可在购买前评估的搜索类商品（如笔记本电脑）高出

28%。Kang et al. (2021) 开发了一个使用直播平台实时文本数据的研究模型，通过实时数据中的联系强度研究了主播与顾客的交互性对顾客直播参与行为的动态影响。该研究发现增加顾客与主播之间的互动会促使顾客点赞或打赏，然而，当互动超过一定程度时，就会适得其反引发顾客回避。Lin et al. (2021) 利用中国一家在线直播服务平台提供的1450个直播流分钟级数据，设计了一个面板向量自回归模型，探究了主播情绪、观众情绪和观众行为之间的相互影响关系。结果发现情绪愉悦的主播会让观众感觉到更快乐，由此引发更多的参与行为，尤其是打赏。

2.1.3 主播吸粉

回顾直播电商相关研究，有三点发现：第一，(What) 尚未探究影响主播吸粉效果的因素。对于直播吸粉而言，主播说服力是关键。在直播中涉及面部表情、重复强调、身体前倾等较为抽象的因素，构成了学界的分析障碍和业界的实操难点。第二，(Why) 缺乏中介机制研究。尽管 Wang et al. (2021) 分析了不同主播类型对吸粉效果的差异效应，但其尚未说明这种效应存在的作用机制，不能解释为什么观众愿意关注主播，对直播平台选择主播以及主播提升自我能力的启示有限。第三，(How) 缺乏吸粉预测方法研究。现有文献缺乏对直播吸粉的关注，在以往社交媒体上的吸粉量化研究也不能直接迁移至直播背景为主播吸粉预测提供现实借鉴。因此，有必要厘清主播吸粉效果的影响因素，探索这些因素的中介作用机制以及探索吸粉效果预测方法。

1. 主播定义

主播是指在直播中向观众播放聊天、唱歌、吃播、游戏、卖货等直播内容的主持人。他们通常在某一领域具有一定的知名度和专业性，通过在直播间内进行表演而达到某些商业目的。不同于名人已具备的广泛声誉和稳固粉丝基础，他们具备一定潜力转化消费者并激发他们对品牌价值的乐观态度。直播主播需要培养更“人性化”的气质，他们需要向观众塑造“朋友”的形象，使其更容易在直播平台上与观众建立信任和情感纽带，缩短二者距离，以达到获得收益的目的。

2. 主播分类

按照不同的分类标准，主播可以分为不同的类型。根据主播的来源渠道，可以分为以下四类：

超级头部或腰部主播。这类群体是电商直播中的主流和力推方向，他们通常由主播孵化机构培训后成为流量主播。此类主播由专业的孵化机构进行培训，背后有专业的选品、设计、化妆和布景团队支持，同时他们往往占据黄金直播时段，确保其拥有足够的直播时长，因此他们能够在短时间内快速吸引粉丝。这已经形成了较为成熟的直播模式。

店家自播，即电商平台中的卖家或店主自己承担电商主播的角色为个人店铺或产品进行直播。此类主播一般有丰富的运营经验，对店铺的经营状况、产品特征、购买人群等最为了解，直播中能更全面、透彻、积极地与消费者互动。同时这类主播多为自播自卖，更有利于粉丝沉淀，不会出现粉丝大量流失的情况。但此类主播因缺乏专业训练，更无法进行长时间直播，能力参差不齐，因此无法在短期内聚集大量粉丝。

某一领域的专业人士或意见领袖。这类主播多为具有一定产品知识的业内人士，自带权威性，更易引发观众的信任感；同时这类主播能更好地洞察观众心理状态，在提供专业指导的同时提高直播的附加价值，完美地契合当前观众的观看心理。由于此类主播更倾向于塑造权威形象，因此其娱乐性较弱，直播氛围更为严肃。加之这类主播常扎根于某一单一领域，粉丝受众面较窄。

自带粉丝的明星和网红。此类主播自带粉丝流量，深受品牌商的喜爱。但也因自身形象的限制，在直播时跟观众互动的距离感较远，而且对于直播内容的了解也不及前三类主播。

根据主播的身份特征，可以分为以下六类：

专业主播。其通常指由主播孵化机构培训的流量主播，他们自身专业性强，原始流量基本靠平台扶持，经过长时间的积累，粉丝忠诚度较高。这些主播抢占了大部分的流量及市场，粉丝基础较大，因此粉丝增长的边际效应较小。

网红/自媒体主播。这些主播创造的内容通常是短视频与直播的结合。他们普遍个性显著、颜值较高，依靠类型多样且趣味十足的短视频累积一定的粉丝量后再适时进行直播。这些主播能够丰富直播内容趣味性，实现短视频的流量变现。

明星/名人主播。在影视行业调整的时代，许多明星和名人已经乘着直播行业的东风改变了他们的策略，从偶尔参与协助网红转变为亲自通过直播吸粉并销售商品。他们具有多样化特征、广泛的声誉以及稳固的粉丝基础，有助于树立观众对品牌价值的乐观态度，进而实现高转化率。他们与品牌和观众有着深刻的联系，善于将这种优势转化为自身的商业价值和社会影响力。

企业家主播。这类主播通常是指企业家承担直播电商主播的角色。首先，与网红主播相比，企业家入局直播，销售产品和带货不是最重要的，振奋信心和宣传品牌才是首要目的。其次，企业家最了解自身品牌与产品，他们直播有利于品牌形象的塑造，同时培养消费者对品牌的认知，打造对品牌的信任感。最后，企业家身份自带的神秘感也会引起观众好奇，拉近与受众的距离，为直播吸引部分流量。

政府机构人员主播。在媒体深度融合的时代，政府公职人员利用直播平台宣传和销售当地特色产品，带动当地经济发展的同时还解决了民生问题，塑造了政府形象。此外，“互联网+政务服务”发展迅速，越来越多的政府单位将直播作为互联网传播渠道中的重要一环，大到重磅国家政策官宣，小到人民警察做安全教育培训，直播在提升政府宣讲和民生问题办事效率上都功不可没。

线下转型线上行业人员主播。这类主播主要针对直播带货。由于他们在直播前主要从事线下售卖，离货源较近，有价格优势，因此主要以卖货为主，并且基本没有品牌宣传。这类主播的流量主要以线下场景（如商场、门店）粉丝为主，将粉丝运营线上化。

3. 主播吸粉概述

主播吸粉，是实现流量变现，获得直播红利的前提。为了从直播中获得可持续的收入，主播必须发展和积累自己的粉丝（Tang & Chen，2020）。吸引新的粉丝和保留现有的粉丝是保证直播主播长期生存的两个关键方面，因为粉丝的持续参与可以保持群体活力，提升消费者的产品评价和购买意愿，扩大直播的影响力（Beukeboom et al.，2015；Casaló et al.，2017；Tang & Chen，2020）。表2—1列举了几类常见的主播吸粉模式。

表2—1　主播吸粉模式

模式	基本特征
产品导向型	主播在直播间、实体店或产品生产基地逐一介绍和推荐产品，通常情况下，主播需要提前了解产品材料、质量细节和售后服务等。在此种模式下，价格秒杀和优惠折扣等策略常常用来吸引观众。主播与供应商议价得到较好的价钱后，作为秒杀活动开放给观众，产生大量的即时购买。这也会给观众一种印象，即只要他们是忠实的粉丝，他们就会一直获得令人满意的折扣。

续表

模式	基本特征
提前预热型	提前预热对于吸引直播流量非常重要，一般可以分为四种类型。 (1) 抽奖预热：直播前 1~2 天通过平台以转发抽奖、发优惠券等方式进行直播预热，注意告知直播时间、直播专享优惠。如抽奖的话，开奖名单若由系统自动公布则可以设置开奖时间为直播时间，或告诉粉丝开奖名单将会在直播间公布，以吸引粉丝到直播间观看。 (2) 视频预热：直播前 2 小时发布预热视频——告知用户直播时间和优惠活动（在文案和口播中突出价格优惠、原价现价做对比，抢直播福利)，日常发布的视频中也可以提及下次直播时间、产品和优惠等。 (3) 评论预热：在评论中对直播时间进行预告，呼吁粉丝来看直播；回答粉丝问题也可以引导粉丝到直播间看问题详细应对方案。 (4) 直播预热：在前次的直播中可以进行下次直播好物的种草和优惠预告，引导粉丝关注下一次直播。
渠道引流型	充分利用微信、社群、微博等渠道告知粉丝直播时间和优惠。一般可分为三步进行： 第一步，提前 3~5 天会员社群传播预热； 第二步，提前 1~2 天公众号推文宣传； 第三步，开播后社群再次分享邀约。
名人造势型	由于名人拥有自己的粉丝基础，邀约名人直播是主播常用的增加观众关注直播账号意愿的捷径（Jin & Phua，2014)。在此种模式下，主播往往会邀请明星做客直播间，通过与明星的问答互动等方式售卖产品，兼具娱乐性与商业性。此种模式有利于主播转化明星流量，达到吸粉目的。

4. 主播吸粉相关研究

主播的相关研究如表 2-2 所示。对于训练有素的主播而言，他们自身经过长期的专业训练和直播实战已经具备一定的知名度。此外，他们与带货明星相比更具有专业性，他们大多数构建了选品、试用、库存、售卖、购后等全系列销售体系，覆盖消费者的购买活动全程，为消费者的购买活动提供保障，具有可靠性。此外，在直播中主播与消费者之间的互动性是大多数消费者产生关注或购买行为的主要影响因素，良好的互动有助于拉近与观众间的距离，激发观众共情心理，进而引发关注行为。综上所述，主播的专业性、可靠性、互动性等个人属性需通过长期的训练和经验的累积，往往在主播的某一场直播中难以直接主导。相反，主播表现，例如直播脚本、说话声音以及身体姿态等因素主播则可以主导甚至对观众行为产生重要影响。回顾相关文献如下：

专业性。McCracken（1989）将专业性描述为将消息来源变得合法可信的能力。因此，专业的主播要有足够的能力传递合法和准确的信息或意识到特定的主题（Hovland et al.，1953）。研究发现，更专业的主播拥有更高的技能水平（Aaker，1987；Bardia et al.，2011），并会促发观众产生更强的购买意愿（Chan et al.，2013；Erdogan，1999；Ohanian，1991）。主播的专业性或与产品的相关性被观众视为重要因素（Djafarova & Rushworth，2017）。Schouten et al.（2020）进一步证实，与普通主播或名人主播相比，更具专业性的主播对产品可信度的影响更明显，因为他们成功地将自己定位为某个已知领域的代表，例如某些依靠短视频累积粉丝基础的网红主播在非直播时段是“游戏视频博主”“健身视频博主”“化妆视频博主”或“时尚博主”，并与粉丝定期分享产品信息（Balogh et al.，2016），这将有助于塑造这类主播的专业形象。专业主播充分了解直播内容，对售卖产品有足够的推荐力和种草力，能用更短的介绍时间有效提升观众对于产品的了解，增强观众信息处理效率，用自身专业能力提升观众对产品及主播自身的信任感，激发观众产生关注主播或购买产品的欲望。

可靠性。说服过程中信息源的可信度受到了市场营销从业者和学者的极大关注（Atkin & Block，1983；Bochner & Insko，1966；Goldberg & Hartwick，1990；Sternthal et al.，1978），来源可信度被认为是影响广告态度的主要因素之一，以往研究以及发现证实了来源可信度对消费者对广告态度和购买意愿的影响（Lafferty & Goldsmith，1999；Sternthal et al.，1978）。以往对社交媒体的研究指出，在许多情况下，可信度高的名人代言人比可信度低的名人代言人对消费者的广告态度、口碑传播意愿和购买意愿更有正向影响（Spry et al.，2011）。例如，在杂志广告的背景下，Lafferty & Goldsmith（1999）发现，当高度可信的名人被特写时，消费者对广告、品牌和购买意愿有更良好的态度。在直播中，主播作为信息来源，观众对其的可靠性感知会直接影响他们的跟随或购买行为。可靠性较高的主播创造的直播内容精致细致、条理清晰、来源明确，能够让观众更愿意相信传递信息的真实性。同时直播内容垂直精准，便于观众记忆，增加观众对主播的依赖，有效提升粉丝转化率。

互动性。直播中的互动可以描述为主播与观众之间的人际关系（Rubin & McHugh，1987）。与传统媒体相比，互联网平台允许粉丝与媒体人物之间进行双向的互动交流（Kassing & Sanderson，2009）。在营销背景下，以往关于社会互动的相关研究已经明确指出它能提高消费者的满意度（Lim & Kim，2011）和购物体验乐趣（Hartmann & Goldhoorn，2011）。Labrecque（2014）将互动描述为“一种虚幻的体验，消费者与人物角色（即主播、名人或角色的中介代表）互动，就好像他们在场，并参与一种互惠关系”。另一项研究表明，通过社交媒体进行的互动可以提高影响者的感知可信度，这反过来拓展了社交媒体营销价值，增加了消费者购买意愿（Chung & Cho，2017）。与此相关，在直播中主播与观众之间的互动是二者沟通的重要桥梁，能拉近与观众之间的心理距离，有助于提升观众的体验度和信任感。通常，主播通过一些口播引导的形式，带动观众完成评论、点赞、分享、加粉丝群等互动。此外，在直播过程中，主播还可以不定时设置直播间福袋，让粉丝参与抽奖，在留住观众的同时还能带动直播间氛围。再者，观众经常能看到主播和观众进行连麦互动，主动解决观众疑问或送福利，这既能增强观众的忠诚度，有效转化粉丝，也能增强直播间的互动性。

由此可见，主播的专业性、可靠性以及互动性对于吸粉主播转化观众、带货主播增加销量具有重要作用，但这些个人属性往往需要主播经过长时间的专业训练以及广泛的实践才能构建，不能由主播在某一场直播中轻易改变或主导，具有相对稳定性。与之相反，主播的个人表现，如直播脚本、声音特征、动作姿态等可以由他们控制，并在每场直播中都不尽相同，对观众的影响较大。然而，学界对于主播表现的研究较少，且多停留在定性层面，无法提供定量指导。

表 2−2　主播相关研究

研究	数据来源			数据类型				自变量	中介变量	调节变量	因变量
	访谈	实验问卷	二手数据	结构化	非结构化						
					文本	声音	图像				
魏剑锋等（2022）		√		√				主播特性：专业性、吸引力、互动性、知名度	心流体验、感知信任	/	冲动购买意愿
蒋良骏（2022）		√		√				主播关键话语	感知质量	/	购买意愿
李吉艳 & 李林泽（2022）		√		√				主播特征：交互性、趣味性、知名度、责任性	感知信任、感知娱乐性	/	重购意愿
邵鹏 & 易薇（2022）			√	√				主播社交影响、粉丝数量、观看数量、带货口碑	/	直播场次	带货能力：销量和效率
董金权 & 罗鑫宇（2021）	√							虚拟社区类型：地理型 vs. 关系型	主播与粉丝情感联结、情感陪伴		社群打赏、交流、互动
黄宇 & 刘晶（2021）		√		√				主播颜值、主播身材、着装效果、背景布置、粉丝量	/	/	带货效果：成交率
代祺 & 崔孝琳（2022）		√						主播声誉、知名度	/	产品匹配度、在线评论、网购经验	主播信任

续表

研究	数据来源			数据类型				自变量	中介变量	调节变量	因变量
	访谈	实验问卷	二手数据	结构化	非结构化						
					文本	声音	图像				
范钧等（2021）		√		√				互动类型：关系 vs. 任务 互动策略：示强 vs. 示弱	情感能量、主播认同	/	打赏意愿
吴邦刚等（2022）			√					直播间内用户朋友数量		直播规模、打赏人的网络中心性、被打赏人的级别	打赏对象
Song et al.，（2022）			√		√			主播的三种信息交换类型：产品信息、社交对话和社交征求	消费者参与：评论、点赞、分享	/	短期直播表现：销售额 长期直播表现：客户群增长
Zhang et al.，（2022）		√		√				主播特征、在线评论、服务质量、促销信息	感知信任、感知价值	/	冲动购买行为
Meng et al.，（2021）		√	√		√			网红主播的影响力	愉悦情感、唤醒情感、情感信任、赞美欣赏	产品类型	购买意愿
Shen et al.，（2022）		√		√				主播与观众的自我一致性和价值一致性	社会互动、情感参与	/	购买意愿

续表

研究	数据来源			数据类型				自变量	中介变量	调节变量	因变量
	访谈	实验问卷	二手数据	结构化	非结构化						
					文本	声音	图像				
Ang et al.，(2018)		√		√				主播与观众的社交存在感、同步性	观看体验	直播方式：直播 vs. 预录	观看体验/订阅意愿/购买意愿
Huang et al.，(2020)			√		√			主播直播话术策略	信任	性别	购买行为
本书	√		√		√	√	√	情感说服变量 认知说服变量 技巧说服变量	说服力	/	吸粉效果

2.1.4 小结

基于以上文献的回顾，本书发现有以下研究机会：

第一，研究对象。现阶段学界关于直播主播的关注日趋增长，然而大多数研究重点关注消费者购买这一结果变量，采用实验法收集数据的研究多测量消费者购买意愿，部分学者利用二手数据直接观测消费者购买行为。粉丝量是主播持续发展并获得稳定收入的前提，因为他们为主播提供了可以实现流量变现的基础。因此，需要针对“吸粉”这一对象展开研究，优化主播直播表现。

第二，影响因素。影响吸粉效果的关键因素在于主播的说服力，如在直播视频中的面部表情、重复强调、身体前倾等。然而目前对影响直播效果的因素的探讨多聚焦于相对固定的“人、货、场”，如年龄性别、产品类别、直播间特征等，并且大多数采用实验数据，无法为主播提供精准的定量指导。因此，需要厘清主播吸粉效果的影响因素，以弥补研究空白。

第三，中介机制。以往研究关于直播的中介机制探索多集中于心理机制，如感知信任、情感参与、社交互动、社会认同等，采用学界成熟量表测量，然而测量误差、外部效度、普适性低等问题接踵而至。在直播视频中，中介变量涉及文本、声音、图像三种数据模态，没有现成的测量方法，因此，需要构建中介变量的多模态测量方法，以探索直播吸粉的中介机制。

第四，预测方法。已有直播研究较少关注吸粉问题，对于业界关心的吸粉效果预测尚不明晰，不能预测主播吸粉表现。因此，需要基于直播视频，采用机器学习方法开展主播吸粉效果预测，以期为业界提供营销工具。

2.2 机器学习

非结构化数据的出现和用于分析数据的机器学习算法正在给业界和学界带来革命性的变化（Ma & Sun，2020）。就营销而言，大量的非结构化数据结合机器学习算法为营销研究人员提供了无数的机会来更好地预测和解释消费者行为（Joseph et al.，2021）。回顾机器学习相关研究如下：

2.2.1 机器学习概述

机器学习（Machine Learning，ML）是一个庞大而迅速发展的领域，包含处理不同任务的广泛方法（Ma & Sun，2020）。从概念上讲，机器学习算法可以被视为在训练经验的指导下，在大量候选程序中搜索，以找到一个优化性能指标的程序（Jordan & Mitchell，2015）。机器学习解决的问题是如何构建通过经验自动改进的计算机，它是当今发展最迅速的技术领域之一，位于计算机科学和统计学的交汇处，是人工智能和数据科学的核心（Jordan & Mitchell，2015）。在人工智能（AI）领域，机器学习已经成为开发计算机视觉、语音识别、自然语言处理、机器人控制和其他应用的实用软件的首选方法。

机器学习主要可以分为监督学习、半监督学习、无监督学习和强化学习四类。

监督学习是目前使用最广泛的机器学习方法。在监督学习任务中，提供了一个训练数据集，以便对每个实例都观察到输入变量集合和输出变量集合。监督学习试图从这个训练数据集中学习一个函数，以预测给定输入时的输出。通常情况下，监督学习使得研究人员更关心学习一个函数，该函数可以最大化利用输入预测输出的准确性。预测精度必须使用不同的测试数据集进行评估，因此，研究人员通常将训练数据集进一步划分为训练子集和验证子集。模型将使用训练子集进行训练，并使用验证子集进行调优或选择。然后将使用测试数据集对最终选择的模型进行评估，以评估样本外性能（Hartmann et al.，2019）。

半监督学习是介于监督学习和无监督学习之间的学习。在半监督学习任务中，输出只对应训练数据的一个子集，训练数据集中没有观察到输出的实例仍然用于改进学习（Zhu，2005）。它允许模型在其监督学习中集成部分或所有可用的未标记数据并通过这些新标记的示例最大化模型的学习性能（Hady & Schwenker，2013）。半监督学习已被证明是利用无标记数据来减少对大型标记数据集的依赖的一个强大范式（Berthelot et al.，2019）。

无监督学习。在无监督学习任务中，训练数据集只包含输入变量，而输出变量是未定义的或未知的。典型的目标是找到数据中的隐藏模式或从数据中提取信息。一般来说，无监督学习通常涉及在假设数据的结构属性（如代数的、组合的或概率的）下对无标记数据的分析。无监督学习算法通常应用在数据不足的情况下，以揭示数据中以前未知的模式（Parasa et al.，2021）。

强化学习。在强化学习任务中，学习主体通过采取行动和观察反馈，不断与周围环境进行交互，以优化某一目标函数（Sutton & Barto，2018）。这些任务通常被表述为马尔可夫决策过程（Markov Decision Process，MDP），学习算法需要确定要采取的行动来学习环境的特征，并在给定的状态下制定最佳的行动策略。强化学习不是从明确的训练中学习，而是根据过去的信息选择行动，属于一种试错型学习技术。这与经典的监督学习不同，由于它没有给出准确的输入和输出数据集，因此它往往在探索未知部分和利用当前数据之间找寻平衡（Mohri et al.，2018）。

2.2.2 文本机器学习

近年来，由于文本数据在 Web、社交网络、电子邮件、数字图书馆和聊天网站上无处不在，文本分析变得越来越受欢迎（Aggarwal，2022）。在所有类型的非结构化数据中，文本数据可能是研究最广泛的。基于文本数据的机器学习的核心在于使机器理解人类语言，其中许多方法都与自然语言处理（Natural Language Processing，NLP）密切相关。通过回顾相关文献，主要介绍以下几种常用的基于文本数据的机器学习算法：BERT、GPT－1、GPT－2、GPT－3、GPT－4。

需要说明的是，本书调用阿里云 API 接口（主要算法为 word2vec）处理文本数据，而非使用以上几种算法，原因有二：一是这五类算法的本质均为考虑词的周边信息，实现对词的表征，获得词的 embedding。前者（word2vec）的一个基本假设在于，可以通过词的周边词实现对词的理解表征；后者（BERT、GPT－1、GPT－2、GPT－3、GPT－4）是利用 transformer 结构，同时考虑词所在句子（序列）中左右两边词的信息，实现对词的表征。二是阿里云 API 接口作为阿里巴巴旗下的开放 NLP 服务，其语料库更契合直播电商场景。阿里巴巴生态系统下有各种各样的业务层，最核心的是买家和卖家之间的销售、支付等关系，后来才拓展出金融、物流、健康、文娱等事业群。因此，其底层的各类数据，包括实体库、源学辞典、词性标注库、词性关系库等更适用于直播电商场景。为避免重复介绍，对阿里云 API 接口的具体应用详见 5.2 节。

1. BERT

2018 年，谷歌发布了基于变换器的双向编码器表征技术（Bidirectional Encoder Representation from Transformers，BERT）的语言表征模型（Devlin et al.，2018），其在多个指标上都领先于其他 NLP 模型。该模型通过使用预训练（pre－training）以及微调（fine－tuning）的方法来提高了传统词向量模型在文本数据处理的能力。BERT 具有两种输出：一个是 pooler output，对应的是 Classification Token（CLS）的输出；另一个是 sequence output，对应的是序列中的所有字的最后一层 hidden 的输出。所以 BERT 主要可以处理两种任务：一种任务是分类/回归任务（使用的是 pooler output），另一种是序列任务（sequence output）。

第一种，分类/回归任务。分类/回归任务主要包括文本识别、文本推断以及文本相似度测量等。如图 2-1（a）(b）所示，首先输入文本内容，然后通过词嵌入方法经过 BERT 模型，最后可以进行文本分类以及文本推断。例如，针对互联网平台上的在线评论，输入用户评论数据可以实现真假评论的识别等。

第二种，序列任务。序列任务主要包括文本主体识别、完形填空以及问答任务等。如图 2-1（c）(d）所示，通过输入文本内容利用 BERT 模型可以预测序列（下一句话）。例如，可以利用 BERT 从“我晚上 10 点到达上海”这句话中提取出时间、地点等信息，预测顾客的下一句话，比如“我需要在浦东机场用车”“我到达后住机场周边”等，进而预测用户需求。

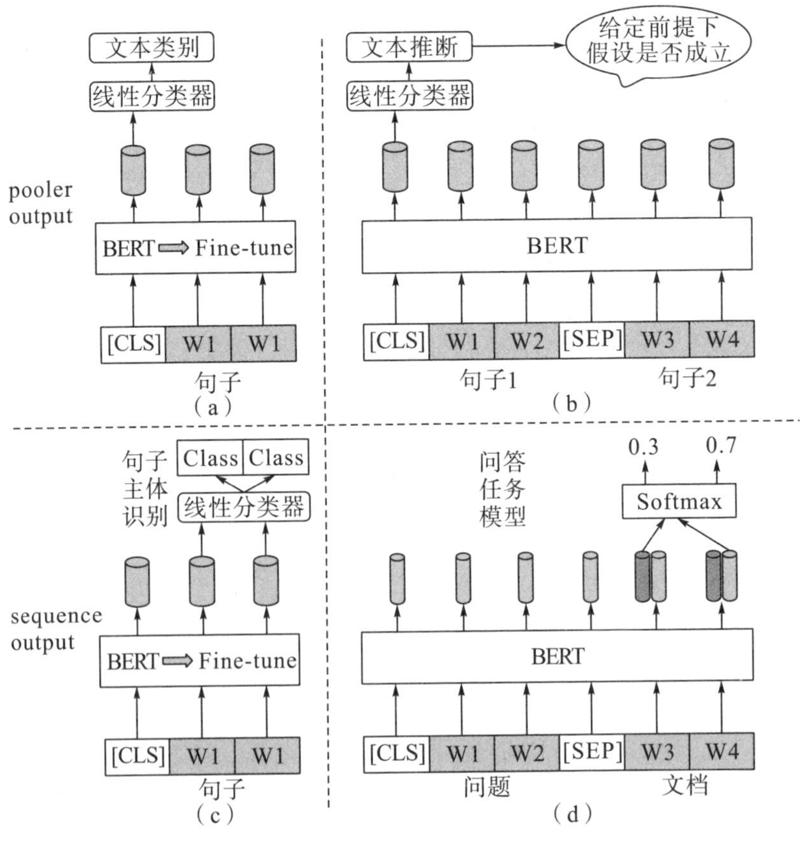

图 2-1　BERT 模型训练过程

BERT 的优缺点。优点：易于使用，稳定性强，模型准确度高，在语句级的语义分析中取得了极好的效果。缺点：需要大量的文本用于预训练，对算力要求较高。

2. GPT－1

通过在不同的未标记文本语料库上生成预训练模型（Generative Pre－training），对文本蕴涵、问答、语义相似度评估和文档分类等特定任务进行微调，从而获得更有效的任务结果。对监督学习而言，获取大量有标签数据，是非常耗时且昂贵的；并且，从未标记的文本中获取更多单词级别的信息是很有挑战性的。这些不确定性使得为语言处理开发有效的半监督学习变得困难。

Radford et al.（2018）探索了一种半监督的方法，使用无监督的预训练和监督的微调相结合的语言理解任务。目标是学习一种通用的表达方式，这种表达方式可以通过很少的改变即可迁移到各种各样的任务。GPT－1 模型结构图如图 2－2 所示，左边为解码器部分，右边为对不同任务进行微调的输入转换。模型的训练程序包括两个阶段：第一阶段是在大型文本语料库上学习高容量语言模型，给定无监督语料库，使用标准语言模型目标函数最大化似然函数，整个流程即表示在无标签数据上的预训练；第二阶段是微调，将模型调整为具有标记数据的判别任务。模型训练过程发现，在有标签数据集上，结合有标签微调以及无标签预训练，可以进一步提高模型的性能、泛化性以及收敛速度。对于下游特定任务的使用，如文本分类，可以直接微调模型。

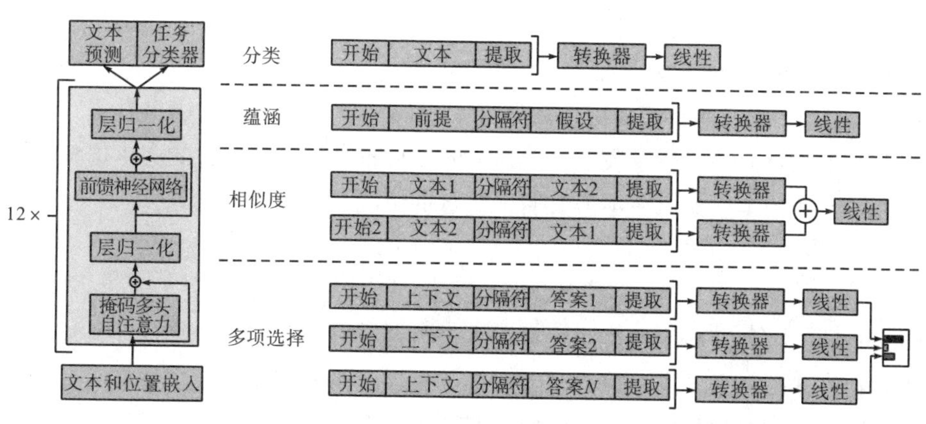

图 2－2 GPT1－1 模型结构图

通过生成式预训练和判别微调，此模型可用于解决鉴别任务，如问题回答、语义相似性评估、涵义确定和文本分类。

3. GPT－2

现有机器学习对于数据分布以及任务变化敏感且脆弱，单一领域数据集上单一任务的训练是造成算法缺乏泛化性的主要原因。GPT－2 使用预训练组合结合监督微调，延续迁移方法的趋势，通过语言模型在零样本设置下执行广泛任务的能力展示潜力。

GPT－2 沿用 GPT－1，使用 Transformer 作为特征抽取器，改进体现为更巨大的 Transformer 模型（Radford et al.，2019）。常规的 Transformer Big 包含 24 层叠加的 Block，GPT－2 把神经网络层数叠加到了 48 层，参数规模 15 亿。其目的是用更多的训练数据做预训练，更大的模型，更多的参数，意味着更高的模型容量。其次，GPT－2 找了 800 万个互联网网页的 WebText 作为语言模型的训练数据，覆盖的主题范围广，训练出的语言模型通用性好，可以用于任意领域的下游任务。此外，GPT－2 还做了数据质量筛选，过滤出高质量的网页内容。

GPT－2 仍然使用单向语言模型作为训练任务。为了证明其训练模型的有效性和通用性，其第二阶段并没有做有监督微调，而是直接使用模型。在此阶段，GPT－2 给出了一种新颖的生成任务做法，将给定任务的单个输出直接拼接起来作为最终的输出结果。这与传统 NLP 网络的输出模式不同，GPT－2 的输出模式没有输出的序列结构。

GPT－2 的核心是构建通用语言模型，通过高质量、大数据以及大模型用无监督学习做下游任务，证明语言模型的通用性。与 BERT 双向语言模型相比，GPT－2 单向语言模型更适用于文本生成任务，根据前文输出后文。这也表明，训练有素的高容量模型可以最大限度地提高足够多样化的文本语料库的可能性，开始学习如何在不需要明确监督的情况下执行大量任务。

4. GPT－3

自然语言处理技术通过对大量文本进行预先训练，然后对特定任务进行微调，在许多任务和基准上取得了实质性的进展。虽然其网络模型通常与任务无关，但这种方法仍然需要大量的针对某特定任务的微调数据集。相比之下，人类通常只需要几个例子或简单的指令就可以完成一项新的语言任务——这是目前的自然语言处理仍然很难做到的。GPT－3 扩大语言模型，可以极大地提升与任务无关的、少量样本学习的性能。

GPT－3 是一种自回归语言模型，有 1750 亿个参数，在应用时没有任何梯度更新或微调，只通过与模型的文本交互制定任务（Brown et al.，2020）。GPT—3 基本的预训练方法包括模型、数据和训练，均基于 GPT—2，只是相对简单地扩大了模型、数据集和多样性，以及增加了训练的时长。首先，模型架构。GPT—3 使用与 GPT—2 相同的模型和体系结构，在训练了 8 个不同尺寸的模型，从 1.25 亿到 1750 亿横跨三个参数数量级后，得到了最终的 GPT—3。其次，训练数据集。GPT—3 不再沿用 GPT—2 的 WebText 数据集，而使用有将近一万亿个单词的 Commom Crawl 数据集来训练模型。经过一系列步骤提高数据集的平均质量后，Common Crawl 数据涵盖了 2016 年至 2019 年每个月的数据，构成了过滤前的 45TB 和过滤后的 570GB 数据。最后，训练设置。GPT—3为了在不耗尽内存的情况下训练较大的模型，在每个矩阵乘法和网络的各层中使用模型并行性，用较小的学习速率进行较大规模的批处理。

5. GPT—4

2023 年 3 月 14 日，OpenAI 发布了多模态预训练模型 GPT—4（OpenAI，2023）。GPT—4 是一个基于 transformer 的大规模预训练模型，在 GPT—3 的 175 亿个参数基础上将参数数量扩大至 100000。

在单模态下，GPT—4 在多任务、多语言的文本模态表现更好。与 GPT—3 相比，当任务的复杂性达到足够的阈值时，GPT—4 比 GPT—3 更可靠、更有创意，并且能够处理更细微的指令。图 2—3 展示了 GPT—3 和 GPT—4 在人类学术和专业考试中的表现，结果显示，GPT—4 在大多数考试中表现均优于 GPT—3。根据 OpenAI 公布的实验数据，GPT—4 通过模拟律师考试且分数在应试者的前 10％左右。相较之下，GPT—3 版本大模型的成绩是倒数 10％。此外，在多语言任务测试中，GPT—4 在大多数语言方面优于 GPT—3 和其他语言模型［Chinchila（Microsoft，2021）、PaLM（Hilton，2021）］的性能，除了英语外，还包括拉脱维亚语、威尔士语等低资源语言（详见图 2—4）。

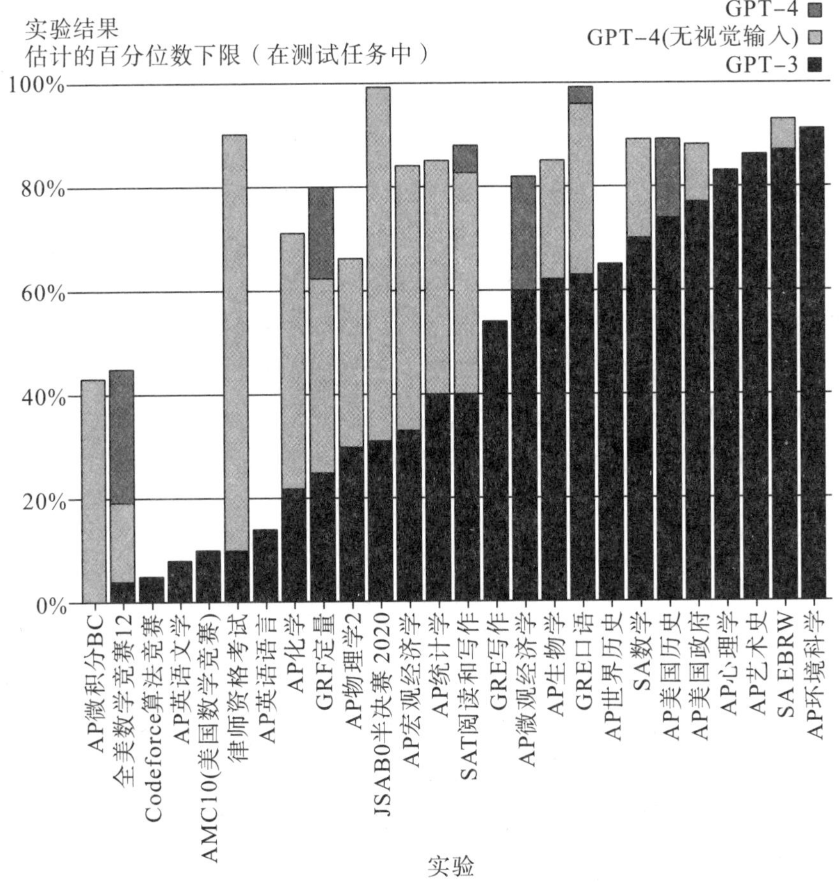

图 2-3　GPT-4 和 GPT-3 的多任务文本模态表现

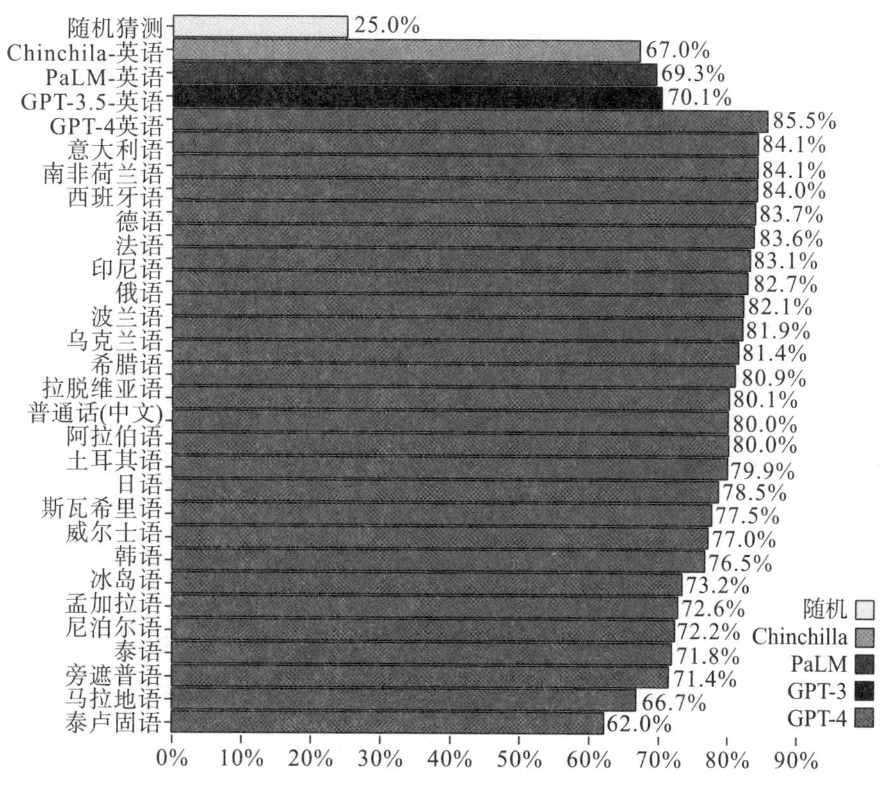

图 2－4　GPT－4 等的多语言文本模态表现

在多模态下，GPT－4 输出文本，也接受文本和图像多模态输入。GPT－4 可以接受文本和图像形式的提示语，这一新能力与纯文本设置并行，允许用户指定任何视觉或语言任务。具体来说，它在人类给定文本和图像组成的输入情况下生成相应的文本输出（自然语言、代码等）。除了普通图片，GPT－4 还能处理更复杂的图像信息，包括表格、考试题目截图、论文截图、漫画等。图 2－5 展示了 GPT－4 视觉输入示例，当用户提示语中包含文本和图像两模态输入时，GPT－4 会生成对应的文本输出。

GPT-4视觉输入示例：

用户　　这张图片有什么奇怪之处？逐个板块描述一下。

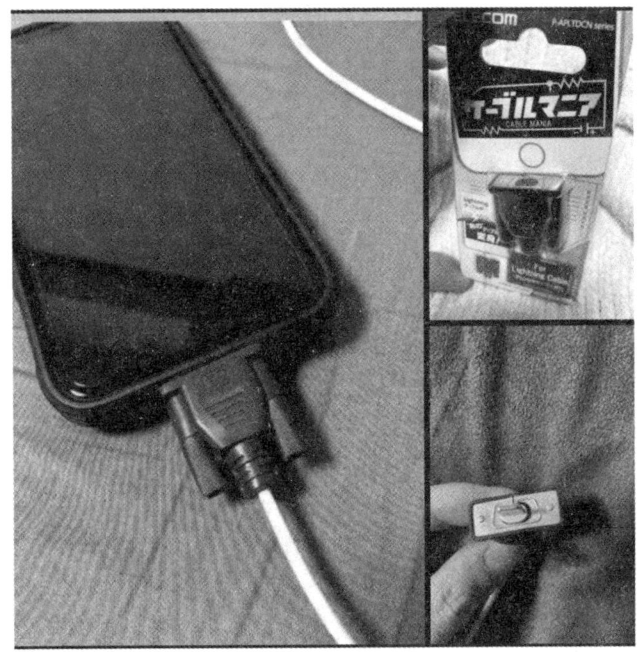

GPT-4　　这张图片展示了一个带有三个板块的“Lightning Cable”适配器包装。

板块1：一部带有VGA连接器（通常用于计算机显示器的大型蓝色15针连接器）插入其充电口的智能手机。

板块2：“Lightning Cable”适配器包装上有一个VGA连接器的图片。

板块3：VGA连接器的特写，末端有一个小型的Lightning连接器（用于充电iPhone和其他苹果设备）。

这张图片的幽默之处在于将过时的大型VGA连接器插入小巧的现代智能手机充电口中，这种情节显得荒谬可笑。

表格3. 示例提示展示了GPT-4的视觉输入能力。该提示包括一个关于具有多个板块的图像的问题，GPT-4能够回答这个问题。

图 2−5　GPT−4 多模态输入示例

GPT−4 的发布，除了提升原有文本模态的表现外，更为重要的是，还新增了接受和分析图像模态的能力。这说明机器学习技术正从文本、声音、图像单模态向多模态发展；这也提示本研究在解析直播视频的时候，要尽量应用多模态机器学习。

2.2.3 声音机器学习

基于声音的机器学习，目的在于使计算机能理解和处理音频中的信息，是一种专注于人类听觉的计算处理方式。机器学习在音频分析领域的运用主要包括自动语音识别、数字信号处理、声音特征提取、情感识别分析等。通过回顾相关文献，主要介绍以下几种常用的基于机器学习的语音处理工具：librosa、pyAudioAnalysis、Praat－Parselmouth。

对于以上三种工具：第一，本书应用 COVAREP 而非 librosa 提取声音特征，是因为 COVAREP 可以提取 74 维特征，而 librosa 只能提取 20 维特征；第二，pyAudioAnalysis 应用于提取变量流畅程度；第三，Praat－Parselmouth 应用于提取变量声音音高。为避免重复介绍，对此三种工具的具体应用详见 5.2 节。

1. librosa

librosa 是一个用于音频和音乐信号处理的 Python 包，它提供了在整个音乐信息检索领域中使用的各种常见函数。librosa 在设计时考虑了几个关键概念：第一，选择了一个相对平坦的 Python 包布局，遵循常规的数据类型和函数，而不是抽象的类层次结构；第二，精心设计了标准化接口、变量名和参数设置；第三，通过对输出的数值等价性进行回归测试以实现向后兼容性；第四，函数被设计为模块化，允许使用者在适当的时候提供自己的函数，使得研究人员可以利用现有的库功能，同时试验对特定组件的改进；第五，所有的开发都在 GitHub 上进行以获得可读的代码、完整的文档和详尽的测试。

librosa 的组织结构包括核心功能（Core functionality）、频谱特征（Spectral features）、显示（Display）、节奏和节拍（Onsets，tempo，and beats）、结构分析（Structural analysis）、图形分解（Decompositions）、效果（Effects）、输出（Output）8 个部分（Brian，2015）。

• 核心子模块包括一系列常用的功能，分为四类：音频和时间序列操作、频谱图计算、时间和频率转换以及音调操作。音频和时间序列操作通过从磁盘读取音频，以所需的速率重新采样信号，随后进行单声道和时域转换，最后通过过零检测；频谱图计算包括短时傅里叶变换、逆变换和瞬时频谱图，它们为下游特征分析提供了许多核心功能。

• 频谱，表示能量在一组频率上的分布，构成了一般数字信号处理分析技术的基础。librosa 的特征模块实现了多种频谱表示方式，其中大部分基于短时傅里叶变换；梅尔频率标度通常用于表示音频信号，因为它提供了人类频率感知的粗略模型，通常用梅尔标度谱图（Mel－scale spectrogram）和梅尔频率倒谱系数（Mel－frequency Cepstral Coefficients，MFCC）表示。虽然梅尔比例表示通常用于捕捉音乐的音色方面，但它们提供的音高和音高类别的分辨率较差，因此 librosa 提供了两种灵活的色度实现：一是使用固定窗口 STFT 分析，二是使用可变窗口 constant－Q 变换分析。除了梅尔系数和色度特征，频谱子模块还提供了许多频谱统计表示，例如频谱质心（Spectral _ centroid）等。

• 显示模块提供了简单的接口，以可视化地呈现音频数据。

• librosa 提供节奏和节拍子模块以分析按音符或节拍事件索引的信号，实现了估计音乐中各个方面时间的功能。

• 结构分析模块在小节或功能组件（如韵文和副歌）的层面上分析，试图在声音中发现更大的结构，大致分为两类：一是有计算和操作递归或自相似图的函数；二是时间约束聚类，可以用来检测特征变化点，而不依赖于重复。

• 分解模块提供了一个简单的接口，将频谱图（或一般特征数组）分解为组件和激活。

• 效果板块提供了方便的函数，将基于频谱图的变换应用于时域信号使得应用程序代码更简单、更易读。

• 输出模块包括实用功能，以保存音频分析结果到磁盘。采用带注释的瞬时事件计时或时间间隔的形式，通过输出以纯文本（逗号或制表符分隔的值）形式保存。

2. pyAudioAnalysis

pyAudioAnalysis 是一款强大的音频分析开源工具，提供了广泛的音频分析过程，包括特征提取、音频信号分类、监督和非监督分割以及内容可视化。使用 pyAudioAnalysis 可以将未知音频片段分类为一组预定义的类，对音频录音进行分段并对同质片段进行分类，从语音记录中去除沉默区域，估计语音片段的情绪，从音乐轨道中提取音频缩略图等。pyAudioAnalysis 的流程如图 2－6所示，能实现以下功能（Giannakopoulos，2015）：

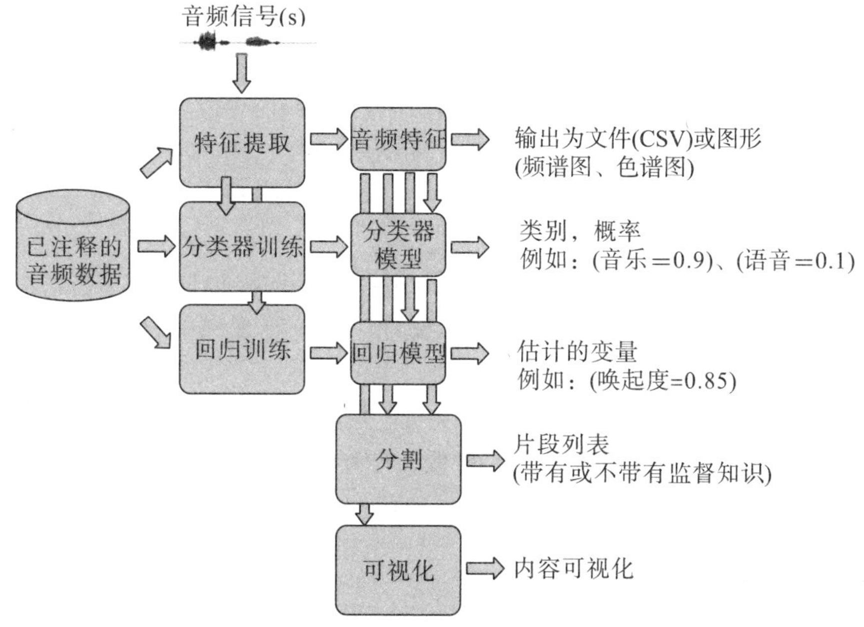

图 2－6 pyAudioAnalysis 流程图

• 特征提取：能实现时域和频域多个音频特征的提取，时域特征直接从原始信号样本中提取，频域特征是基于离散傅里叶变换（Discrete Fourier Transform，DFT）的幅度，最后，在对数谱上应用逆 DFT 得到倒谱域。

• 分类训练：分类是指一些训练有素的监督模型，将一个未知样本（如音频信号）分类到一组预定义的类的任务，是机器学习应用中最重要的问题。监督知识（如注释录音）用于训练分类器。为了估计最优的分类器参数［例如支持向量机（Support Vector Machine，SVM）的成本参数或 K 最邻近算法（K－Nearest Neighbor，KNN）分类器中使用的最近邻的数量］，还实现了交叉验证过程。该功能的输出是一个分类器模型，可以存储在文件中。此外，还在该上下文中提供了对未知音频文件（或一组音频文件）进行分类的包装器。

• 回归训练：将音频特征映射到实值变量的模型也可以在监督上下文中进行训练，以估计回归模型的最佳参数。pyAudioAnalysis 支持 SVM 回归训练，以便将音频特征映射到一个或多个监督变量。

• 分割：音频分割的重点是将一个不间断的音频信号分割成同质内容的片段。pyAudioAnalysis 库中实现了有监督或无监督的分割任务。当需要时，训练过的模型用于将音频片段分类为预定义的类别，或估计一个或多个学习变量（回归）。有监督的分割任务采用某种类型的“先验”知识的算法，例如预先训练的分类方案。对于这种类型的分割，pyAudioAnalysis 库提供了固定大小的联合分割分类方法和基于隐马尔可夫模型（Hidden Markov Model，HMM）的方法。无监督分割任务没有使用有关音频内容类别的先验知识。典型的例子是静音去除、人声识别和音频缩略图。

• 可视化：给定一组音频记录，pyAudioAnalysis 可以用来提取这些记录之间内容关系的可视化。

与其他可用的音频分析开源库相比，pyAudioAnalysis 具有以下特征：

• 一般特征提取和机器学习概念组件相关联，形成完整的音频分类和分割解决方案。

• 最先进的和基线技术都被用来完成广泛使用的音频分析任务。

• 预先训练的模型也提供了一些监督任务（如语音音乐分类、音乐类型分类和电影事件检测）。

3. Praat－Parselmouth

Praat 是一款跨平台的多功能语音学专业软件，主要用于对数字化的语音信号进行分析、标注、处理及合成等实验，同时生成各种语图和文字报表。而 Parselmouth 是 Praat 软件的开源 Python 库，它的目标是为 Praat 内部代码提供一个完整的 Python 式接口。

Parselmouth 依赖于 pybind11 库（Jadoul et al.，2018），用于与 Praat 的内部对象、内存和代码进行低级别、高效的通信和访问。这使得 Parselmouth 在程序之间不需要以数字字符串的形式发送大型列表和网格（首先必须序列化，然后解析等），从而使其更加快速高效。使用 Parselmouth 进行语音分析通常需要经历以下几步：

• 创造和播放声音刺激：在语音相关实验中，传统上很难将自动声学数据分析构建到实验过程中，因为实验结构设计和实现通常不是在 Praat 中编程的，Parselmouth 可以通过与广泛使用的基于 Python 的实验软件 PsychoPy（Peirce，2007，2009）融合来解决这一问题。

• 处理收集的数据：Parselmouth 可以轻松地完成多个实验条件下多个参与者产生的音频文件。它遍历一个大型数据集，在用户的文件系统中识别一个适当的音频文件，将音频在特定时间的谐波噪声比提取为单个 Python 十进制数，并将该值写回结果数据帧的适当行。

• 可视化结果：Praat 可以无缝生成专业外观和高度精确的光谱图，而 Parselmouth 使语音分析的计算更容易与可视化和表示框架的选择分开。

Parselmouth 的模块化允许用户访问不同 Python 绘图包的更奇特的图表类型和功能，将图表与 Praat 中可能无法提供的自定义统计见解和图表结合起来。

• 统计分析：Parselmouth 实现了在一种语言和软件环境中集成声学和统计分析。Parselmouth 的主要目的是提供一个 Python API，通过调用 Praat 命令来调用 Praat 功能。这种灵活性还可以实现另一种潜在的常见用法：执行已经存在的遗留 Praat 脚本。当用户希望重用以前编写的 Praat 脚本时，执行一些复杂的声学分析，例如将脚本应用于新的数据集；当用户还希望使用专门的统计库对结果运行一些繁重的或不常见的统计数据时，Parselmouth 可以用来将整个过程集成到一个工作流中，而不是乏味地用 Python 重写现有的 Praat 脚本。Parselmouth 允许用户从 Python 运行 Praat 脚本，并将脚本的输入和输出与其余的 Python 代码连接起来。

2.2.4 图像机器学习

视频由一帧一帧的图像构成，本书分析视频数据所应用的图像数据机器学习主要是计算机视觉。计算机视觉是机器学习的一个子集，它使计算机能够在视频和数字图像的基础上获得高水平的理解。通常使用两种不同的技术：深度学习和卷积神经网络对视觉信息进行高速、大容量的无监督学习，以训练机器学习系统以某种类似人眼工作的方式解释数据（Cheema，2021）。计算机视觉涉及的领域复杂，具有广泛的实际应用范围，例如人脸识别、视频监控、图片识别分析等。根据对计算机视觉目标任务的分解，可将其分为三大经典任务：①图像分类，即将图像结构化为某一类别的信息，用事先确定好的类别来描述图片。②目标检测，分类任务关注整体，给出的是整张图片的内容描述，而检测则关注特定的物体目标，要求同时获得这一目标的类别信息和位置信息。③图像分割，对图像的像素级描述，它赋予每个像素类别（实例）意义，适用于理解要求较高的场景。下面将依次对三类计算机视觉任务的经典算法进行回顾。

需要说明的是，以下关于图像分类、目标检测、图像分割的经典算法仅适用于单一图像处理任务。在直播场景中，本书应用 OpenFace2.0，一个基于机器学习和计算机视觉的用于情感计算和面部行为分析的交互式应用工具，实现面部地标检测、头部朝向估计、面部动作单元识别和眼神注视估计的多任务实时分析（Baltrusaitis et al.，2018）。例如，OpenFace2.0 使用了最近提出的卷积专家约束局部模型（Convolutional Experts Constrained Local Model，CE-CLM），能精细检测出 68 个面部地标，利用其 3D 表示并使用正字法相机投影将其射到图像中，从而准确地估计头部朝向。因此，OpenFace2.0 更适用于视频数据背景下的图像分析。为避免重复介绍，对 OpenFace2.0 的具体介绍应用详见 5.2 节。

1. 图像分类

图像分类任务是计算机视觉中的核心任务，其目标是根据图像信息中所反映的不同特征，把不同类别的图像区分开，并从已知的类别标签集合中为给定的输入图片选定一个类别标签。图像分类在许多领域都有着广泛的应用，例如安防领域的人脸识别和智能视频分析、交通领域的交通场景识别、互联网领域基于内容的图像检索和相册自动归类、医学领域的图像识别等。回顾相关文献发现，图像分类算法一般使用 CNN 为基础框架，主要介绍以下几种常用的 CNN 拓展神经网络：

(1) LeNet。

LeNet 是比较简单的 CNN 体系结构之一，于 1998 年引入，正式流行开来是当它在美国被用于对银行支票上的手写数字进行分类后。LeNet 体系结构有几种形式——LeNet－1、LeNet－4 和 LeNet－5，其中 LeNet－5 是被引用最多、最著名的一个，具体结构如图 2－7 所示（LeCun et al.，1998)。

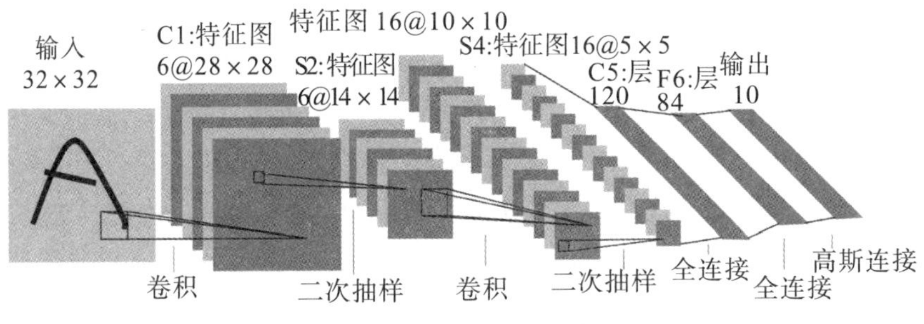

图 2－7　LeNet－5 结构

第一层（输入层)：LeNet－5 的第一层是一个 32×32 的输入图像层。它是一个灰度图像，通过 6 个大小为 5×5 的过滤卷积块后，最终尺寸从 32×32×1变为 28×28×1。这里，1 表示通道，因为这是灰度图像。如果是彩色图像（RGB)，就会有红（Red)、绿（Green）和蓝（Blue）三个通道。

第二层（池化层)：池化层也称为子采样层，其滤波器大小为 2×2，步长为 2。图像尺寸减小到 14×14×6。

第三层（卷积层)：一个 16 个特征图的卷积层，大小为 5×5，步幅为 1。在这一层中，16 个特征映射中只有 10 个连接到上一层的 6 个特征映射，这可以降低计算成本，减少训练参数，提升学习效果。

第四层（池化层）：过滤器大小为 2×2，步长为 2，输出为 5×5×16。

第五层（全连接卷积层）：一个完全连接的卷积层，有 120 个特征映射，每个大小为 1×1。120 个单元中的每个单元都连接到上一层的 400 个节点。

第六层（全连接层）：一个有 84 个单元的全连接层。

第七层（输出层）：一个 softmax 函数层，每个数字对应 10 个可能的值。

（2）AlexNet。

AlexNet 网络规模很大，大约有 65 万个神经元、6000 万个参数，在 2012 年 ImageNet 图像分类大赛中，取得了比第二名高出 11%的巨大优势。如图 2−8所示，AlexNet 是一个 8 层的卷积神经网络，它由 5 个卷积层和 3 个全连接层组成，其中通过 3 个卷积层后进行最大池化操作。与以往的神经网络不同，AlexNet 使用 ReLU 作为激活函数，取代了传统的 sigmoid 和 tanh 函数。ReLU 是一个非饱和激活函数，它不仅有效地提高了模型的训练速度，而且更好地控制了梯度消失和梯度爆炸的问题，容易训练出更深层次的网络。在 AlexNet 中，使用 dropout 来降低过拟合程度，神经元以一定的概率停止，从而降低了对局部节点的依赖，提高了模型的泛化能力（Hinton et al.，2012）。

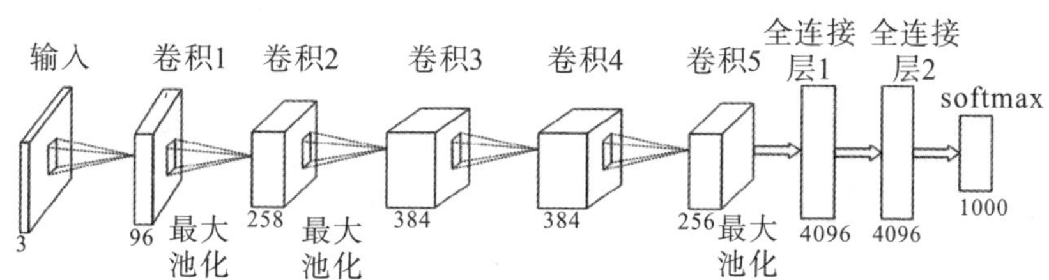

图 2−8 AlexNet 结构

（3）VGGNet。

VGGNet 由牛津大学 VGG 视觉几何组的 Simonyan & Zisserman（2014）提出，它继承了 LeNet 和 AlexNet 框架，使用了 19 层网络深度，将 Top−5 错误率降到 7.3%。VGGNet 探索了 CNN 的深度及性能之间的关系，通过反复堆叠 33 的小型卷积核和 22 的最大池化层，VGGNet 成功地构筑了 16～19 层深的 CNN。VGG−16 结构如图 2−9 所示，它由 13 个卷积层和 3 个全连接层构成，前 5 段为卷积网络（标号 1～5），最后一段为全连接网络（标号 6～8），网络总共参数数量 1 亿个左右。VGG−19 比 VGG−16 多 3 个核大小为 3×3 的卷积层。

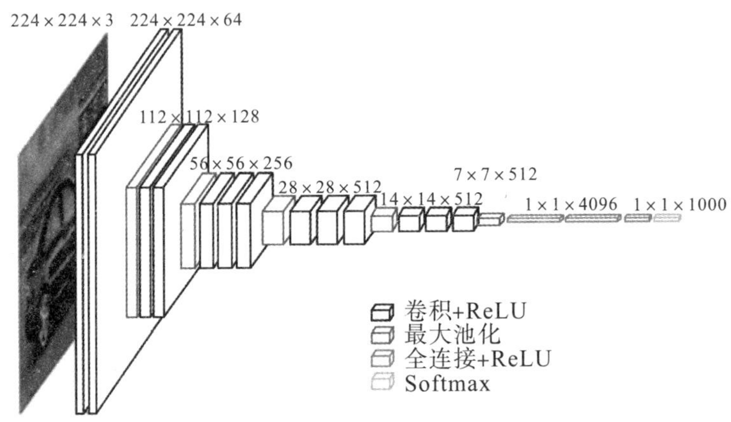

图 2-9 VGG-16 结构

VGG 利用小的尺寸代替大的卷积核，把网络做深。它的结构十分简洁，由 5 个卷积层、3 个全连接层和 1 个 softmax 层构成，层与层之间使用最大池化连接，隐藏层之间使用的激活函数全都是 ReLU。此外，VGGNet 使用含有多个小型的 3×3 卷积核的卷积层来代替 AlexNet 中的卷积核较大的卷积层，既能减少参数的数量，又能增强网络的非线性映射，从而提升网络的表达能力。再者，与 AlexNet 相比，VGGNet 在池化层全部采用的是 2×2 的小滤波器，步数为 2。且通道数较多，由于每个通道都代表着一个特征地图，这样就使更多的信息被提取出来。

（4）GoogLeNet。

GoogLeNet 是 Szegedy et al.（2015）提出的一种全新的深度学习结构，一共有 22 层带参数的神经网络。在 GoogLeNet 中，“深度”一词体现在以“Inception 模块”的形式引入了一个新的组织层次，增加了网络深度，如图 2-10所示。Inception 体系结构的主要思想是考虑如何近似卷积视觉网络的最优局部稀疏结构并由现成的密集组件覆盖，它是一个并联网络块，经过不断地迭代优化，发展出了 Inception-v1、Inception-v2、Inception-v3、Inception-v4、Inception-ResNet 共 5 个版本。Inception 是个网中网，网中总共包含 4 个子网，该结构将 CNN 中常用的卷积（1×1、3×3、5×5）、池化操作（3×3）堆叠在一起（卷积、池化后的尺寸相同，将通道相加），一方面增加了网络的宽度，另一方面也增加了网络对尺寸的适应性。此外，GoogLeNet 用到了辅助分类器。GoogleNet 一共有 22 层，除了最后一层的输出结果，中间节点的分类效果也有可能是很好的，所以 GoogLeNet 将中间某一层的输出作为分类，并以一个较小的权重加到最终的分类结果中，一共有 2 个这样的辅助分类节点。

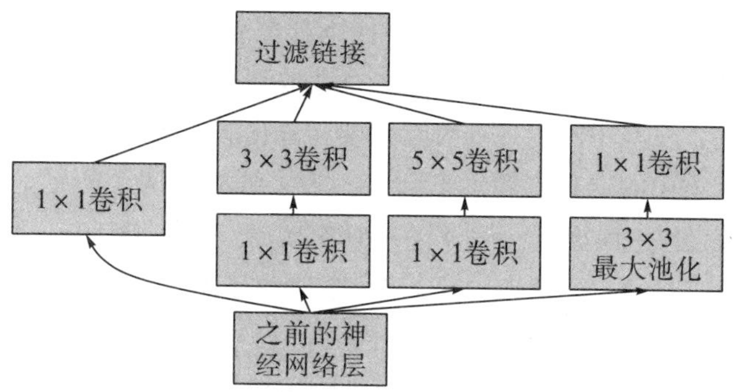

（a）Inception 模块，初始版本

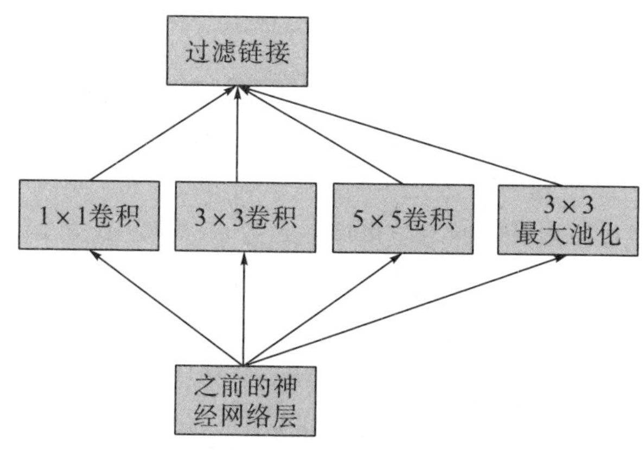

（b）具有降维功能的 Inception 模块

图 2－10　Inception 模块

GoogLeNet 提供了一个可靠的依据，表明通过现成的密集构建块去近似预期最佳稀疏结构是改进计算机视觉神经网络的一种可行方法。与较浅和较窄的体系结构相比，该方法的主要优点是在计算需求适度增加的情况下获得显著的质量增益。GoogLeNet 是第一个使用并行网络结构的经典模型，并且开创性地运用了辅助分类器以解决梯度消失问题，这在深度学习的发展历程中具有开创意义。

（5）ResNet。

ResNet 是在 2015 年由微软实验室中的何凯明等提出的，斩获当年 ImageNet 竞赛中分类任务第一名、目标检测第一名，获得 COCO 数据集中目标检测第一名、图像分割第一名。ResNet 的提出是 CNN 图像史上的一件里程碑事件，它在 2014 年 VGG－19 的基础上，将网络数拓展至 152 层，直接将网络深度提升了一个量级。此外，它还在架构上实现了一个新技术——残差学习，解决了深度 CNN 模型难训练的问题。

在 ResNet 提出之前，所有的神经网络都是通过卷积层和池化层的叠加组成的，人们往往认为这二者的层数越多，获取到的图片特征信息越全，学习效果越好。然而，实践中却发现随着卷积层和池化层的叠加，梯度消失、梯度爆炸以及深层网络中的退化问题逐渐凸显。为了解决前两个问题，ResNet 网络提出通过数据的预处理以及在网络中使用批量归一化层（Batch Normalization，BN）来解决，这样能加速网络的收敛。针对退化问题，ResNet 提出残差网络结构来减轻这一问题，它可以人为地让神经网络某些层跳出下一层神经元的连接，隔层相连，弱化每层之间的强联系。ResNet 通过残差学习解决了深度网络的退化问题，可以训练出更深的网络，称得上是深度网络的一个历史突破。

（6）Inception－ResNet。

Inception－ResNet 是在 Inception 模块中引入 ResNet 的残差结构，Inception 模块可以在同一层上获得稀疏或非稀疏的特征，ResNet 的结构既可以加速训练，也可以提升性能（防止梯度弥散）。Szegedy et al.（2017）把二者结合起来，开发了 Inception－ResNet－v1 和 Inception－ResNet－v2 两个版本。其中 Inception－ResNet－v1 对标 Inception－v3，两者计算复杂度类似；而 Inception－ResNet－v2 对标 Inception－v4，两者计算复杂度类似。Inception－ResNet 只在传统的顶部使用批量归一化，而不是在残差和的顶部。图 2－11 展示了 Inception－ResNet 结构，其整体架构与 Inception 类似。但与原始 Inception 模块相比，其增加了 shortcut 结构，而且在添加之前使用了线性的 1×1 卷积对齐维度。Inception－ResNet－v2 与 Inception－ResNet－v1 比较类似，只是参数设置有所调整。结果显示，Inception－ResNet－v2 表现更好，在网络复杂度相近的情况下，略优于 Inception－v4。

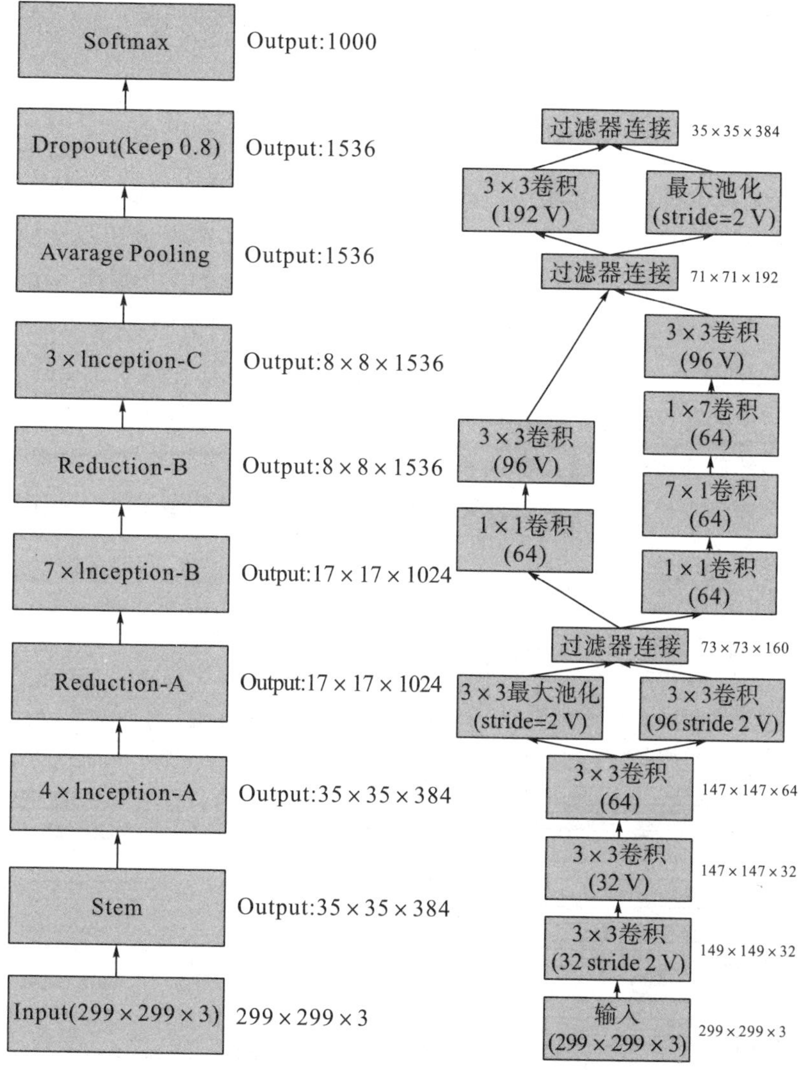

图 2-11 Inception-ResNet 结构

(7) Xception。

Xception 即 Extreme version of Inception，是 Google 继 Inception 后提出的对 Inception-v3 的另一种改进。传统的卷积操作同时对输入的 feature mapping 的跨通道交互性（cross-channel correlations）、空间交互性（spatial correlations）进行了映射。Inception 系列结构着力于将上述过程进行分解，在一定程度上实现了跨通道相关性和空间相关性的解耦。Xception 在 Inception（Google 提出的经典 CNN 分类网络）的基础上进行改进，使用深度可分离卷积（depthwise separate convolution）替代传统的 Inception 块，实现跨通道相关性和空间相关性的完全解耦。此外，Xception 还引入了残差连接，以确定最终的网络结构。

深度可分离卷积由深度卷积（depthwise convolutions）和逐点卷积（pointwise convolutions）组成。前者为分组数等于通道数的分组卷积，实现了空间相关性的映射；后者与 Inception 相同，实现了跨通道相关性的映射。因此深度可分离卷积实现了空间相关性和跨通道相关性的完全解耦。在此基础上，Chollet（2017）提出了 Xception 的具体结构，共包括 36 层卷积，分为 14 个 stage，如图 2-12 所示。Xception 体系结构是一个具有剩余连接的深度可分离卷积层的线性堆栈。这使得体系结构非常容易定义和修改：数据首先通过输入流，然后通过中间流，中间流重复 8 次，最后通过输出流。值得注意的是，每个卷积（包括普通卷积与深度可分离卷积）之后都做了批归一化操作。

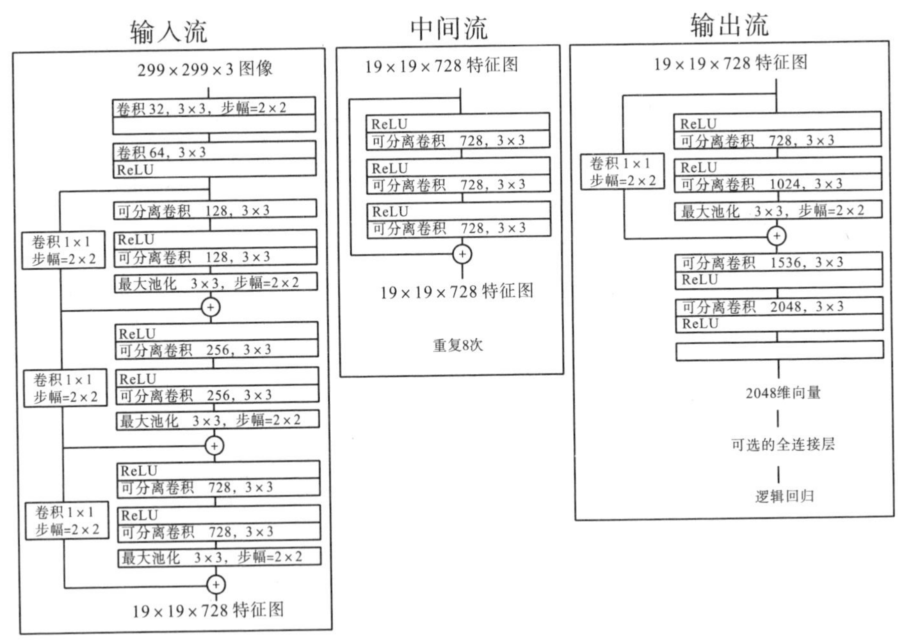

图 2-12　Xception 结构

与 Inception-v3 相比，Xception 参数量更少，收敛速度更快，准确度更高。它揭示了深度可分离卷积的强大作用，主要目的不在于模型压缩，而是提高性能（Chollet，2017b）。

（8）EfficientNet。

卷积神经网络（Convolution Neutral Network，CNN）在图像机器学习领域已经取得了前所未有的巨大成功，目前众多传统图像机器学习算法已经被深度学习替代。卷积神经网络通常是在有限算力资源下构建的。如果有更多的算力资源，则会扩大规模以获得更好的精度，比如可以提高网络深度（depth）、网络宽度（width）和输入图像分辨率（resolution）大小。但是通过人工去调整 depth、width、resolution 的缩放比较困难，因为在算力受限时，放大哪个缩小哪个，很难确定。换句话说，这样的组合空间太大，人力无法穷举。

模型扩展（Model scaling）一直以来都是提高卷积神经网络效果的重要方法。谷歌大脑团队提出了一种新的模型缩放方法，它使用一个简单而高效的复合系数来从 depth、width、resolution 三个维度放大网络，不会像传统的方法那样任意缩放网络的维度，基于神经结构搜索技术可以获得最优的一组参数（Tan & Le，2019）。通过放大 EfficientNets 基础模型，获得了一系列 EfficientNets 模型。该系列模型在效率和准确性上战胜了之前所有的卷积神经网络模型。尤其是 EfficientNet－B7 在 ImageNet 数据集上得到了 top－1 准确率 84.4％和 top－5 准确率 97.1％的结果。且它和当时准确率最高的其他模型对比，图像大小缩小到 1/9.4，效率提高了 6.1 倍。

以 EfficientNet－B0 为模型例，该网络的核心结构为移动翻转瓶颈卷积（Mobile inverted Bottleneck Convolution，MBConv）模块，该模块还引入了压缩与激发网络（Squeeze－and－Excitation Network，SENet）的注意力思想，让模型具有了随机的深度，缩短了模型训练所需时间，提升了模型性能。EfficientNet－B0 由 16 个移动翻转瓶颈卷积模块、2 个卷积层、1 个全局平均池化层和 1 个分类层构成，图 2－13 展示了 EfficientNet 的缩放方法与传统缩放方法的区别。

除了 EfficientNet－B0 以外，EfficientNet 系列的其他 7 个网络均由谷歌大脑团队通过神经网络架构搜索在不同的运算次数和运行内存限制下，在 EfficientNet－B0 的参数基础上对模型进行缩放得到。其主要涉及深度、广度和输入分辨率三个参数，通过这三个参数来控制模型的缩放。其中深度参数通过与 EfficientNet－B0 中各阶段的模块重复次数相乘，得到更深层的网络架构；广度系数通过与 EfficientNet－B0 中各卷积操作输入的特征个数相乘，得到表现能力更强的网络模型；输入分辨率参数控制的则是网络的输入图片的长宽大小。

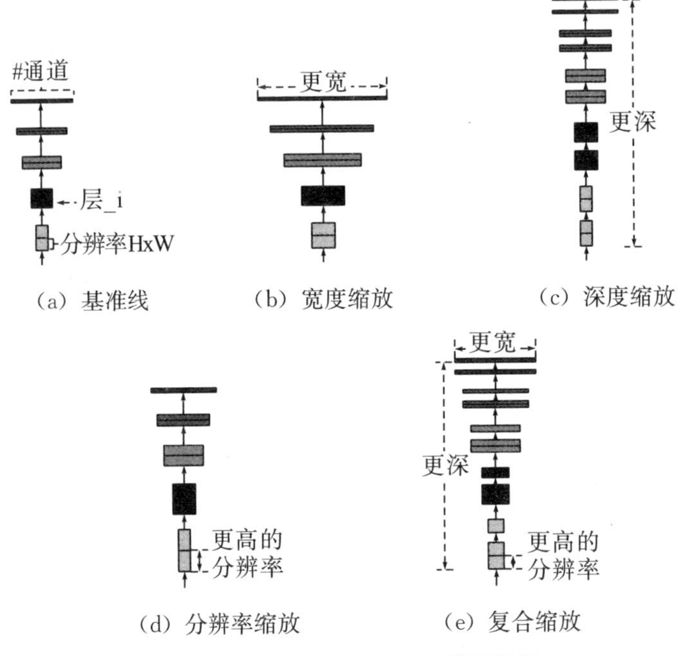

图 2-13　EfficientNet 模型拓展

2. 目标检测

目标检测任务是找出图像中所有感兴趣的目标（物体），确定它们的类别和位置。目标检测是物体识别和物体定位的综合，不仅仅要识别出物体属于哪个分类，更重要的是得到物体在图片中的具体位置。目标检测具有巨大的实用价值和应用前景，应用领域包括人脸检测、行人检测、车辆检测等，应用场景包括视频制作、医用检测、自动驾驶等。回顾相关文献，主要介绍以下几种常用的目标检测算法：

(1) R-CNN。

R-CNN 是将区域选择与 CNN 结合在一起，所以此种算法称为 Regions with CNN features（R-CNN）。R-CNN 由三个模块组成。第一个模块使用 Selective Search 算法从待检测图像中提取 2000 个左右的区域候选框，这些候选框定义了检测器可用的候选检测集。第二个模块是一个大型 CNN，包含 5 个卷积层和 2 个全连接层，用于提取区域图像特征，得到固定长度的特征向量。第三个模块是一组特定的线性 SVM 分类器，判别输入类别。具体结构如图 2-14 所示。

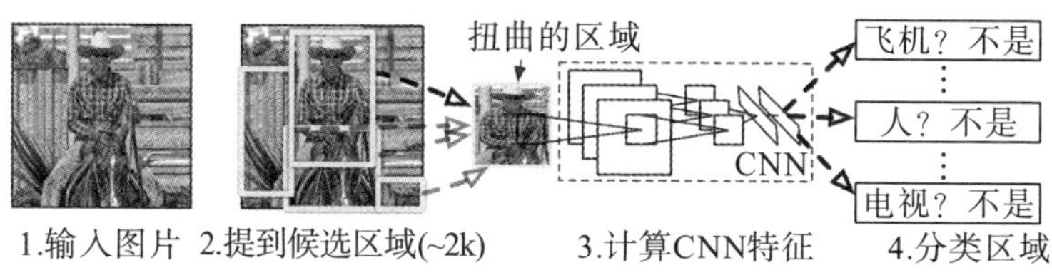

图 2-14 R-CNN 结构

R-CNN 提出了一种简单且可扩展的对象检测算法，将大容量的 CNN 应用于自底向上的区域选择，以定位和分割对象。传统的区域选择使用滑窗，每滑一个窗口检测一次，相邻窗口信息重叠高，检测速度慢。R-CNN 使用启发式方法——Selective Search，先生成候选区域再检测，降低信息冗余程度，进而提高检测速度。此外，R-CNN 还提供了在标记训练数据稀缺的情况下训练大型 CNN 的范例。然而，R-CNN 还是存在算力冗余、图片缩放和训练测试不简洁的不足（Ross et al.，2014）。

（2）SPP-Net。

由于现有的 CNN 需要固定大小的输入图像（如 224×224），可能会降低任意大小/比例的图例或子图像的识别精度。因此，He et al.（2015）为 CNN 配备了另一种池化策略——“空间金字塔池”（spatial pyramid pooling，SPP），以消除上述需求，这种新的网络结构被称为 SPP-Net，它可以生成固定长度的图像表示，而不受图像大小/比例的影响。使用 SPP-Net，只从整个图像中计算一次特征映射，然后将特征集中到任意区域（子图像）中，生成固定长度的表示，用于训练检测器。该方法避免了卷积特征的重复计算，加快了训练速度。此外，SPP-Net 在最后一个卷积层和第一个全连接层之间添加了 SPP 层，用于汇集特征并生成固定长度的输出，然后将其馈送到全连接层（或其他分类器）。这不仅减少了计算冗余，更重要的是打破了固定尺寸输入这一束缚（He et al.，2015）。SPP-Net 结构如图 2-15 所示。

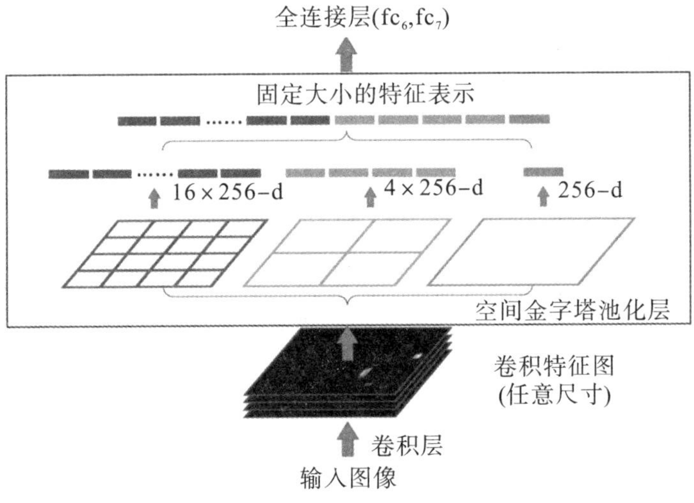

图 2-15　SPP-Net 结构

（3）Fast R-CNN。

Fast R-CNN 提高了 R-CNN 和 SPP-Net 的速度和准确性，因其训练和测试速度相对较快，因此得名 Fast R-CNN。图 2-16 展示了 Fast R-CNN 结构：它以一个完整的图像和一组对象建议作为输入。网络首先对整个图像进行卷积（conv）和最大池化（max pooling）层处理，生成卷积特征图。然后，对每个对象候选一个感兴趣区域，池化层从特征图中提取一个固定长度的特征向量。每个特征向量被馈入一个完全连接的序列（fc）层，最后分支成两个输出层：一层产生 K 个对象类的 softmax 概率估计，另一层为 K 个对象类输出 4 个实值数。每组 4 个值为 K 个类中的一个编码细化的边界框位置。ROI 池化层的做法和 SPP 层类似，但只使用一个尺度进行网格划分和池化，因此对其多阶段训练和训练过程中的耗时耗空间问题进行了改进（Girshick et al.，2014）。

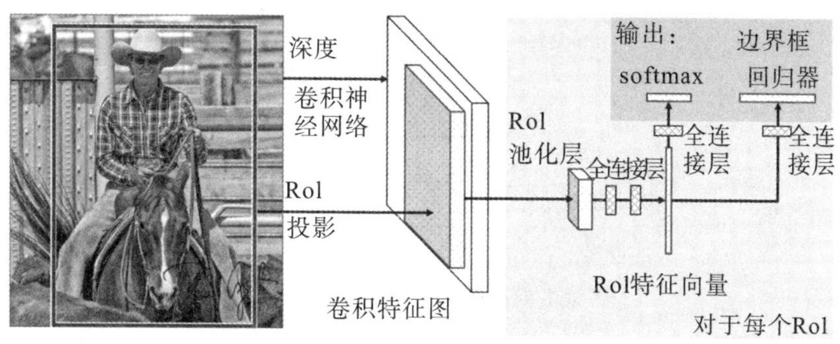

图 2−16　Fast R−CNN 结构

（4）Faster R−CNN。

Faster R−CNN 在 SPP−Net 和 Fast R−CNN 等先进技术暴露出区域计算瓶颈的情况下提出，它引入了一个区域候选网络（Region Proposal Network，RPN）与检测网络共享全图像卷积特征，从而实现几乎无成本的区域选择。RPN 是一个完全卷积网络，它同时预测物体边界和每个位置的物体性得分。RPN 经过端到端训练，生成高质量的区域建议，并被 Fast R−CNN 用于检测。RPN 利用神经网络自己学习去生成候选区域，使得神经网络可以学到更加高层、语义、抽象的特征，生成的候选区域可靠程度大大提高（Ren et al.，2015）。

总的来说，Faster R−CNN 是将 RPN 和 Fast R−CNN 相结合，首先对整张图片进行卷积计算，然后利用 RPN 进行候选框选择，再返回卷积特征图，取出候选框内的卷积特征，利用 ROI 方法（Region of Interest）提取特征向量，最终送入全连接层进行精确定位和分类。其具体结构如图 2−17 所示。Faster R−CNN 可以说是真正意义上的深度学习目标检测算法，因为它将一直以来分离的区域选择和 CNN 分类融为一体，使用端到端的网络进行目标检测，在速度和精度上都得到了提高。

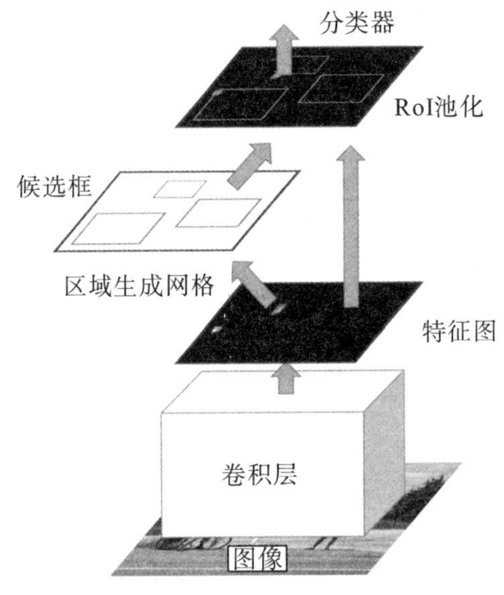

图 2－17　Faster R－CNN 结构

3. 图像分割

图像分割是把图像分为若干个特定的、具有独特性质的区域并提出感兴趣目标的技术和过程。它是由图像处理到图像分析的关键步骤。现有的图像分割方法主要有基于阈值、区域、边缘以及特定理论的四类。图像分割是像素级别的，一般使用全卷积网络（Fully Convolutional Networks，FCN）作为分割的基础框架，从而解决了语义级别的图像分割问题。通过回顾相关文献，主要介绍以下几种常用的图像分割算法：

（1）U－Net。

2015 年 Ronneberger 等人提出了 U－Net 网络的概念，将端到端训练应用于医学图像分析。当它被可视化的时候，它的架构看起来像字母 U，所以被命名为 U－Net。U－Net 作为 CNN 最重要的语义分割框架之一，在医学图像分析中发挥着非常重要的作用（Fabijańska，2018；Sevastopolsky，2017）。U－Net网络主要由上采样和下采样组成，如图 2－18 所示。其主要思想是将固定大小的图像降维，使其符合显示区域的大小，生成对应图像的缩略图，提取更深层次的图像特征。然后利用上采样对图像进行放大，通过复制和裁剪融合下采样和上采样的各层特征。最后，卷积层可以学习从这些信息组装一个更精确的输出。U－Net 的一个重要优点是在上采样部分有大量的特征通道，使得网络可以将上下文信息传播到更高的分辨率层。U－Net 适用于各种生物医学分割问题。它允许分割任意大的图像。

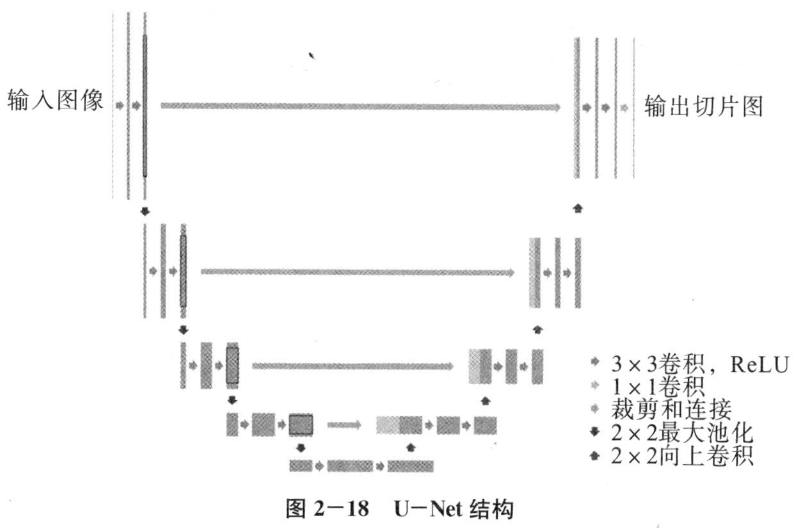

图 2－18　U－Net 结构

（2）Seg－Net。

Seg－Net 是为了解决自动驾驶或者智能机器人问题而提出的图像语义分割深度网络，它既基于 FCN，也属于 Encoder－Decoder 结构，详见图 2－19。Encoder network 使用的是经过修改的 VGG16 中的前 13 层卷积网络结构，并包含基于解卷积的解码器。对应于 VGG－16 网络中的前 13 个卷积层，用于对目标进行分类。每个编码器都有相应的解码器层。每个编码器与每个编码器网络中的滤波器组的卷积层类似，用于生成一组映射特征。这个过程称为批处理规范化。这里用的是整流的线性单位，以单元的形式出现。下一步由最大池化层组成，它有 2×2 窗口，然后有两个跨步，称为非重叠窗口，然后函数生成输出作为 2 因子子采样。对于较少空间位移的不变性的转换是通过使用位于输入图像中的最大池化层来实现的。这也是 Seg－Net 的创新点所在。Decoder network 中有卷积层和最大池化层，将原图像经由 Encoder network 计算出的特征地图映射到和原图尺寸一致的分辨率，以便于做逐像素的分类处理。Decoder 对缩小后的特征图像进行上采样，然后对上采样后的图像进行卷积处理，目的是完善物体的几何形状，弥补 Encoder 当中池化层将物体缩小造成的细节损失。

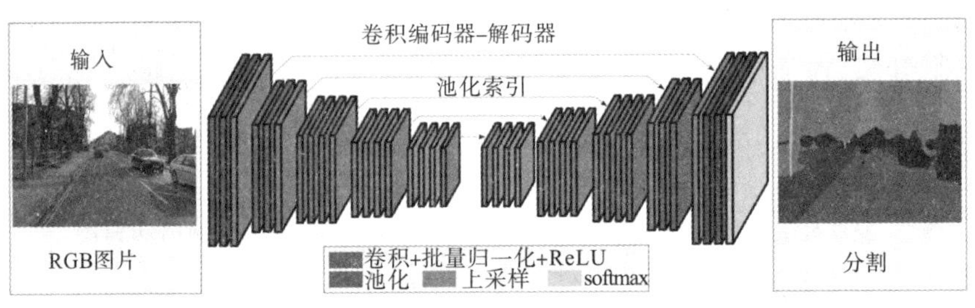

图 2—19　Seg—Net 结构

（3）PSP—Net。

PSP—Net 通过不同的基于区域的上下文聚合和金字塔式场景解析网络来挖掘全局上下文信息。PSP—Net 为像素级预测提供了一个优越的框架，提出的方法在各种数据集上实现了最先进的性能，在 2016 年 ImageNet 场景解析挑战、PASCAL VOC 2012 基准测试和 cityscape 基准测试中获得第一名。

PSP—Net 结构如图 2—20 所示。给定图 2—20（a）的输入图片，使用预训练的模型与空洞卷积策略提取特征图。最终的特征映射大小为输入图像的 1/8，如图 2—20（b）所示。在顶部，PSP—Net 使用图 2—20（c）所示的金字塔池化模块来收集上下文信息；使用 4 层金字塔，池化内核覆盖整个、一半和图像的一小部分。它们被融合为全局先验。然后在图 2—20（c）的最后部分将先验与原始特征映射连接起来，然后再进行卷积层，生成图 2—20（d）的最终预测。PSP—Net 为像素级场景解析提供了一个有效的全局上下文先验。金字塔池模块可以收集层次信息，比全局池化更有代表性（Liu et al.，2015）。在计算成本方面，与原有的扩展 FCN 网络相比，PSP—Net 并没有增加太多的计算成本。在端到端学习中，全局金字塔池化模块和局部 FCN 特性可以同时优化。

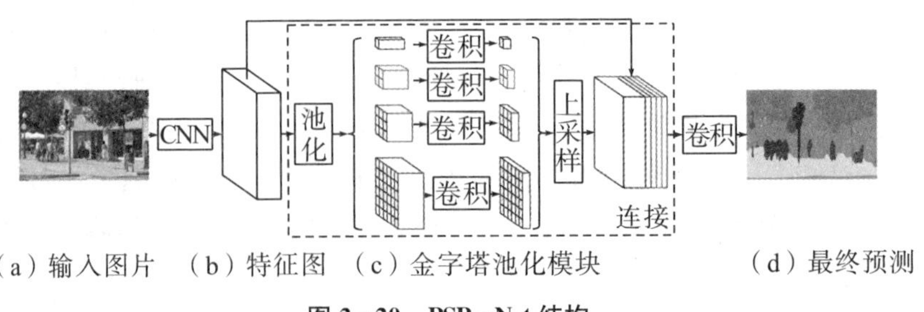

（a）输入图片　（b）特征图　（c）金字塔池化模块　（d）最终预测

图 2—20　PSP—Net 结构

（4）Deeplab－v3＋。

Deeplab－v3＋是一个语义分割网络，它在 Deeplab－v3 的结构上添加一个简单有效的 Decoder 来细化分割结果，尤其是沿着目标对象边界的分割结果，改进了金字塔形孔池，级联了多个孔卷积，并广泛使用了批量归一化。与之前的网络相比，Deeplab－v3＋具有以下特点：首先，它继续使用空洞金字塔池化结构（Atrous spatial pyramid pooling，ASPP），利用多比率和多个有效接受域的不同分辨率特征来挖掘多尺度的上下文内容信息，以更好地捕捉物体边界。其次，增加新的解码模块重构边界信息。再次，尝试使用改进的异常模块作为网络的骨干，以减少参数的数量。Deeplab－v3＋结构如图 2－21 所示。

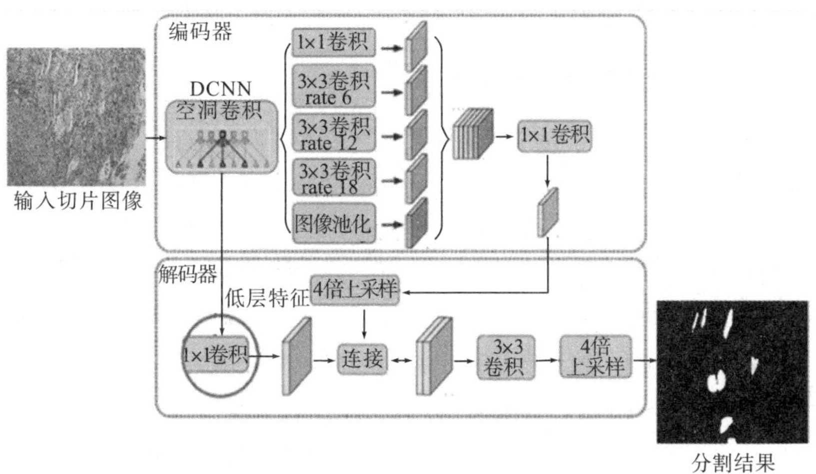

图 2－21　Deeplab－v3＋结构

对 ASPP 和 1×1 卷积的编码特征进行 4 次上采样，然后对骨干网中获得的相同分辨率的特征进行拼接，经过卷积和上采样得到结果。图中圆圈处的作用是让通道数量减少 1×1 个卷积，因为从编码过程中获得的特征可能包含多个通道。

2.2.5　多模态机器学习

模态是指事物发生或经历的方式，当一个研究问题包含多个这样的模态时，它的特征是多模态。为了让人工智能在理解人类世界方面取得进展，它需要能够解释和推理多模态信息。多模态机器学习旨在建立能够处理和关联多种模式信息的模型，可以分析涉及文本、声音、图像的非结构化数据模态，适用于直播视频研究。通过回顾相关文献，主要介绍以下几种多模态机器学习模型：张量融合网络（Tensor Fusion Network，TFN）、循环多阶段融合网络（Recurrent Multistage Fusion Network，RMFN）、多模态分解模型（Multimodal Factorization Model，MFM）、多模态循环转换网络模型（Multimodal Cyclic Translation Network model，MCTN）。

需要说明的是，本书引入图记忆融合网络（Graph Memory Fusion Network，GMFN），是因为GMFN是一个可解释的融合模型，它可以同时学习模态内和模态间的信息，并以分层方式进行融合，以便分析每种模态组合的重要性。此外，其内置的动态融合图记忆网络（Dynamic Fusion Graph，DFG）能可视化模态的动态融合过程，适用于多模态视频数据分析。为避免内容重复，对GMFN的详细介绍和其具体应用详见6.2节。

1. Tensor Fusion Network

以往的多模态情感分析的工作并没有直接考虑模态内和模态间的动态，而是执行早期融合（也称为特征级融合）或后期融合（也称为决策级融合）。前者主要包括在输入层面上简单地连接多模态特征，但是这种方法不能有效地考虑模态内特征。而后者包括独立训练单模态分类器和执行决策投票，这种方法也不能有效地考虑模态间动态。而在视频中，文本的易变性以及伴随的声音和动作，容易导致模态内的动态不稳定。

为了解决这一问题，Zadeh et al.（2018）提出了一种张量融合网络（Tensor Fusion Network，TFN）。TFN能够端到端地学习模态内和模态间的动态，采用一种新的多模态融合方法（张量融合）对模态间动态进行建模，模态内动态通过三个模态嵌入子网络进行建模。该模型与以前的直接concat融合，直接concat融合与张量融合对比详见图2−22。

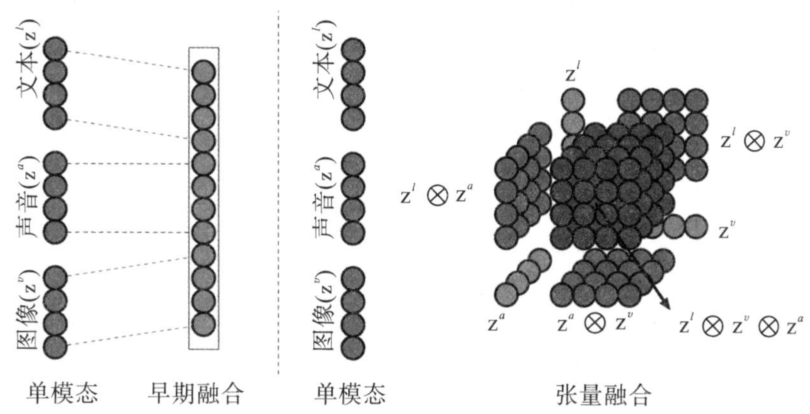

图 2－22　直接 concat 融合与张量融合对比

TFN 主要由以下三部分组成：

（1）模态嵌入子网络（Modality Embedding Subnetworks）：以单模态特征作为输入，并输出丰富的模态嵌入。模态嵌入子网络按照三个不同的模态分为 Spoken Language Embedding Subnetwork、Visual Embedding Subnetwork 和 Acoustic Embedding Subnetwork。第一个用于提取语言模态特征，首先将单词转化为向量，通过 LSTM 恢复丢失的可用信息并串联成语言矩阵，然后将其作为全连接网络的输入，得到最终输出；第二个使用 FACET 模型检测说话人的面部表情，并提取七种基本情绪（愤怒、蔑视、厌恶、恐惧、喜悦、悲伤和惊讶）和两种高级情绪（挫折和困惑）。第三个使用 COVAREP 声学分析框架来提取一组声学特征。

（2）张量融合层（Tensor Fusion Layer）：使用模态嵌入的 3－fold 笛卡尔积显式地模拟单模态、双模态和三模态相互作用，既能计算模态之间的特征相关性，又可保留单个模态的特征。

（3）情感推理子网络（Sentiment Inference Subnetwork）：是以张量融合层的输出为条件进行情感推理的网络。在张量融合层之后，每个观点话语都可以表示为一个多模态张量，TFN 使用一个完全连接的深层神经网络完成三个不同的情感分类任务。该网络的体系结构由两层 128 个 ReLU 激活单元组成，连接到决策层。

TFN 是一种新的用于情感分析的端到端融合方法，该方法明确表示行为之间的单模态、双模态和三模态的交互。与当前的多模态方法相比，TFN 模型在公共可用的 CMU－MOSI 数据集上的实验表现出先进的性能。

2. Recurrent Multistage Fusion Network

理解多模态语言不仅需要建模每个模态内的交互（模态内交互），更重要的是建模模态之间的交互（跨通道的相互作用）。Liang et al.（2018）提出了循环多阶段融合网络（Recurrent Multistage Fusion Network，RMFN），将融合问题分解为多个阶段，每个阶段都集中在多模态信号的一个子集上，以实现专门的、有效的融合。跨模态相互作用使用这种建立在前一阶段表示基础上的多级融合方法进行建模。将提出的融合方法与循环神经网络系统集成，对时间和模态内相互作用进行建模。

RMFN 将多模态融合问题自动分解为多个递归阶段。在每个阶段，多模态信号的子集被突出显示，并与之前的融合表示进行融合。这种分而治之的方法减少了每个融合阶段的负担，允许每个阶段以更专业和有效的方式执行。这与传统的融合方法相反，传统的融合方法通常在一次迭代中对多模态信号的相互作用进行建模。如图 2－23 所示，第一个融合阶段选择了中性词和皱眉行为，融合在一起形成了反映消极情绪的中间表征。第二阶段选择很大的声音行为，局部解释为强调，然后与前几个阶段融合为强烈的消极表征。第三阶段选择了反映矛盾心理的耸肩和言语延伸行为，当与前几个阶段融合时，被解释为失望情绪的表现。

RMFN 为多模态语言分析提供了模态内和模态间的交互，并且这种交互是端到端的。RMFN 在与多模态情绪分析、情绪识别和说话人特征识别相关的三个公共数据集上显示了先进的预测性能。

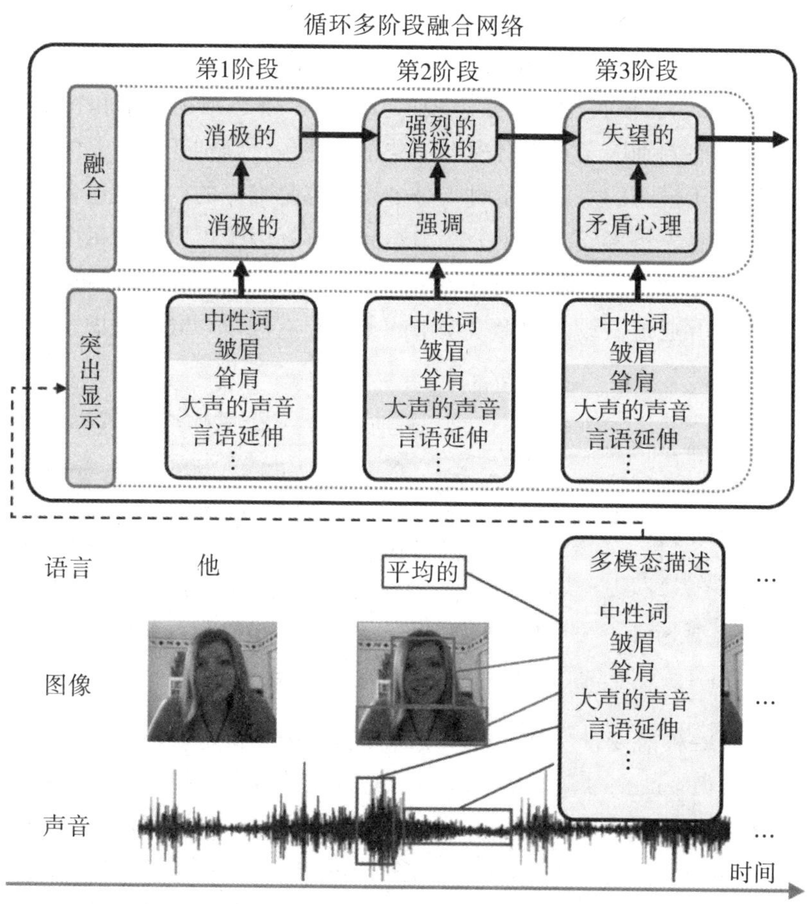

图 2—23　RMFN 示意图

3. Multimodal Factorization Model

多模态建模任务的核心在于从多个模态中学习丰富的特征表示。例如，分析多媒体内容需要学习跨语言、视觉和声学形式的多模态表示（Cho et al.，2015）。虽然多模态的存在提供了额外的有价值的信息，但在多模态表示中学习特征表示时，有两个关键问题需要解决：①模型必须学习复杂的模态内和模态间相互作用以进行预测（Zadeh et al.，2017）；②训练过的模型必须在测试期间对意外缺失或有噪声的模态具有鲁棒性（Ngiam et al.，2011）。为解决以上问题，Tsai et al.（2019）提出了跨多模态数据和标签的联合生成−判别目标的优化。判别目标确保学习到的特征表示具有丰富的模态内和模态间特征，有助于预测标签，而生成目标允许模型在测试时推断缺失的模态并处理存在的噪声模态。

为此，引入多模态分解模型（Multimodal Factorization Model，MFM），结构详见图 2-24。该模型将多模态表示分解为多模态判别因子和特定模态生成因子。多模态判别因子在所有模态中共享，并包含判别任务所需的联合多模态特征。特定于模态的生成因子对于每个模态都是唯一的，并且包含生成每个模态所需的信息。将多模态表示分解为不同的解释因子可以帮助每个因子专注于跨多模态数据和标签从联合信息的子集中学习。MFM 定义了多模态数据上的联合分布，并通过假设的图形模型中的条件独立假设，同时考虑了生成和判别方面。

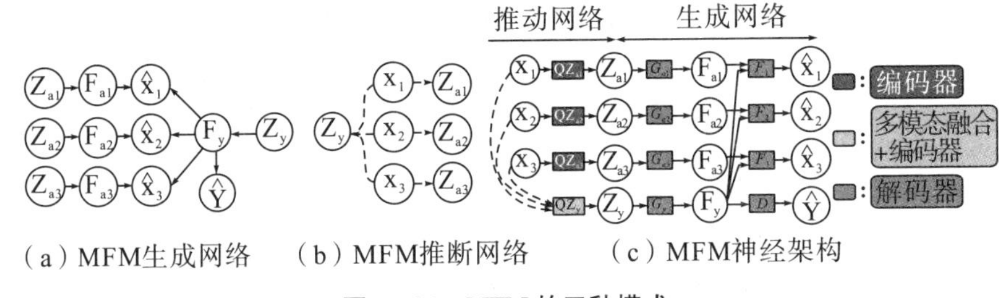

图 2-24　MFM 的三种模式

MFM 是一种潜变量模型，对多模态判别因子和特定模态生成因子进行条件独立假设。Tsai et al.（2019）对六个现实世界多模态视频数据集中开展如下四项工作，以证明 MFM 的能力：①严格评估与现有基线模型相比，MFM 的鉴别能力；②通过消融研究分析 MFM 每个设计组件的重要性；③评估 MFM 的模态重建和预测能力对缺失模态的稳健性；④使用基于信息和基于梯度的两种方法解释所学习的特征表示，以了解单个因素对多模态预测的贡献。

结果显示，多模态判别因子在六个多模态数据集上实现了最先进的或具有竞争力的结果。针对特定的模态生成因子，可以基于分解变量生成数据，解释缺失的模态，并对多模态学习中涉及的交互有更深入的理解。

4. Multimodal Cyclic Translation Network model

多模态学习的核心挑战包括推断可以从这些模态中处理和关联的联合特征表示。然而，现有工作要求将所有模态作为输入来学习联合特征表示，因此，学习到的特征表示可能对测试时的噪声或缺失的模态信息敏感。为了解决这一问题，Pham et al.（2019）从 Sequence to Sequence（Seq2Seq）模型获得灵感，提出了多模态循环转换网络（Multimodal Cyclic Translation Network，MCTN）模型，通过在模态之间转换来学习鲁棒的联合多模态表示，结构如

图 2－25 所示。

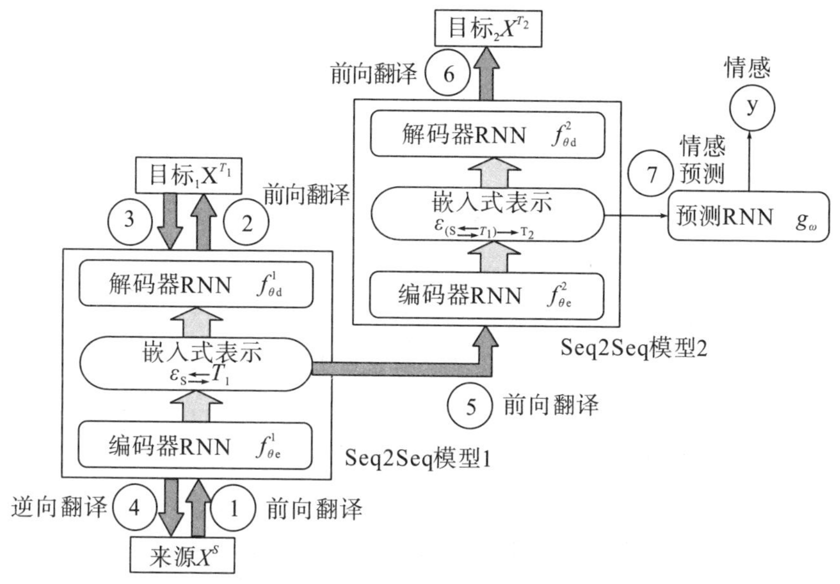

图 2－25　三种模态分等级的 MCTN

MCTN 使用循环转换损失实现了从源到目标模态的正向转换，以及从预测目标到源模态的反向转换，称为多模态循环转换，以确保学习的联合表示从两种模态中捕获最大的信息。此外，Pham et al.（2019）还提出了一个分等级的 MCTN 以学习源模态和多个目标模态之间的联合表示。MCTN 是端到端可训练的，具有耦合的翻译－预测损失，其中包括循环翻译损失和预测损失，以确保学习到的特征表示是针对某一特定任务的（即多模态情感分析）。MCTN 的另一个优点是，一旦用多模态数据训练，只需要在测试时使用来自源模态的数据来推断联合表示和标签。因此，MCTN 对于测试其他模态的时间扰动或缺失信息是完全稳健的。

2.3　理论基础

吸粉其实是一种通过唤起观众关注直播主播意愿的说服尝试（Casaló et al.，2020；Tang & Chen，2020）。说服知识模型（Friestad & Wright，1995）是关于说服尝试的经典理论模型（Kirmani & Campbell，2009），它主要说明人们的三种说服知识——主题知识、说服知识和目标知识如何影响他们对说服尝试的反应。为了完成日常生活中与说服相关的任务，人们需要了解说服主体的目标和行动，以及他们作为说服对象可以采取的行动以应对说服尝试。其中，说服知识是三种知识的核心，被认为是调解一个人的说服尝试对另一个人的最终行动的影响。因此，本书试图从说服知识视角解释主播吸粉这一说服行为，具体的文献回顾如下：

2.3.1 说服知识模型

Friestad & Wright（1995）创造了"说服知识"这一术语，指的是人们对营销人员试图说服消费者的直觉反应。说服知识模型（Persuasion Knowledge Model，PKM）将说服目标描述为与说服主体二元互动的积极参与者，在这种互动中，说服对象和说服主体都试图实现各自的目的。PKM将市场互动视为买卖双方之间的博弈，假设消费者对博弈有直观的理论，并表明这些理论会被用来评估和应对营销人员的说服尝试。

PKM与许多其他说服模式的不同之处在于它对说服对象视角的强调。历史上，消费者心理学和社会心理学对说服的研究都集中在说服主体的视角上。重点是如何获得目标的服从，如何设计信息以诱导信息发送者改变态度，以及如何利用意见领袖和参考群体来产生改变。甚至有关劝说阻力的文献也主要遵循影响者的视角，强调如何克服阻力（Knowles & Linn，2004）。然而，最近社会心理学开始更多地关注说服目标，研究人员在以往研究下，提出例如预警（Wood & Quinn，2003）、元认知（Tormala & Petty，2002）、错觉（Sagarin et al.，2002）等观点，开始对说服对象的目标、认知和行为提出疑问，这些问题及其潜在的观点促进了PKM的提出与发展。

PKM强调说服影响是说服主体和说服对象之间的二元互动，其中，参与者拥有三种类型的知识：主题知识（即问题或内容）、目标知识（即对方的知识）和说服知识（例如说服是如何发生的）。说服主体的说服知识与话题知识和目标知识相结合，使得说服对象能够应对说服尝试。PKM指出，消费者的说服知识对于消费者如何理解和回应营销努力是至关重要的，可以用多种方式帮助消费者在这种情况下实现自己的目标。本书将直播吸粉视为一种说服观众关注并追随主播行为的说服尝试，它与说服对象的主体知识、说服知识以及目标知识相关，图2-26展示了PKM结构图。三种知识的具体文献回顾如下。

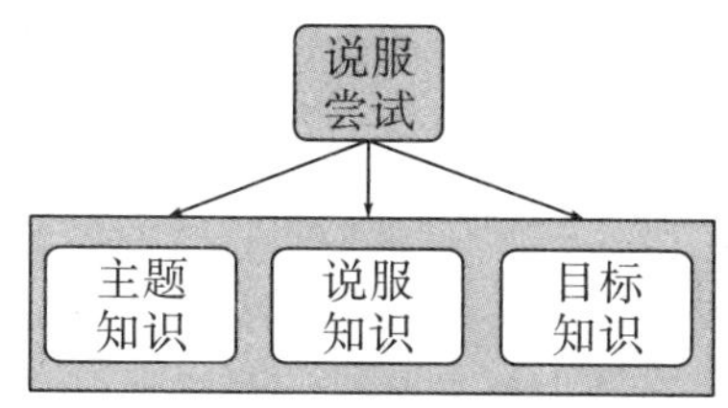

图 2－26 说服知识模型（PKM）

2.3.2 主题知识

主题知识由关于信息主题的信念组成（例如产品功能、服务质量、社会事业、公司声誉等），例如，“这个数码相机过时了”或“这个品牌以其坚韧著称”。它有助于理解消息内容，对于衡量说服主体主张也有帮助。例如，当消费者看到广告时，旨在改善主题态度的消费者将首先倾向于访问关于此类广告服务的知识（即主题知识）。通常来说，当消费者对广告主体以及正在阅读的广告赞助公司有广泛了解时，更易激活主题知识，进而主导关于说服目标的思维。

回顾相关文献发现，探究主题知识在说服中的作用的研究并不多见。Ham & Nelson（2019）使用扎根理论检验了社区利益相关者如何回应关于煤炭行业的宣传广告。焦点小组的受访者在回答一系列的广告概念之前被询问他们关于煤炭行业的态度，以及他们关于煤和行业（话题知识）的感知、信念和知识。笔者从说服目标使用的主题知识、说服知识和目标知识文字中识别出几个主题。首先，主题知识的本质并不涉及煤炭加工的技术方面，而是关于煤炭工业过去行为的知识。此外，受访者积极地反馈了感知到的广告信息的劝说目的以及组织透明度。这种形式的知识影响了利益相关者如何回应以及处理宣传信息（例如他们认同或者拒绝信息的程度）。

2.3.3 说服知识

说服知识主要指关于说服主体特征、能力和目标的信念。说服知识具有类似于图式的功能，例如引导消费者注意广告活动或销售演示的各个方面，对可能产生的影响进行预测，并评估其整体能力（Friestad & Wright，1995）。说服知识是较为重要的知识领域之一，它是一个特别重要的解释性信念系统，因为它告诉人们在什么情况下，一个有目的的说服主体正在巧妙地试图改变他们的内在自我（他们的信仰、他们的情绪、他们的态度、他们的决定、他们的思维过程），从而改变他们的决策过程（Friestad & Wright，1995）。因此，消费者的说服知识包括他们对说服主体的信念，以及他们认为别人通常知道的关于如何说服的知识。

说服知识是人们在任何互动中必须立即获得的资源，在这种互动中，人们可能需要识别和管理，或构建和传递说服尝试。简而言之，对于消费者来说，在几乎所有与营销人员的互动中，它都是一种必要的资源。因此，人们在观察广告、销售演示或服务提供者的行为时，只要想了解发生了什么，就会获得说服知识，至少是部分地获得说服知识。事实上，对于他们所观察到的是不是“说服尝试”的一部分的简单判断来自获取说服知识。此外，人们获取说服知识的程度可能会在特定的说服过程中发生变化。例如，一个人在观看一个看起来很熟悉的电视广告时，一开始可能不太注意说服知识，但当他注意到广告格式中一些意料之外的东西时，他就会增加对说服知识的使用。消费者对说服知识的使用也可能在观察营销人员的活动过程中发生变化。例如，某人可能在初次接触新产品宣传活动时主要利用产品类别知识，然后在反复接触相同或类似的信息时增加对说服知识的使用。

总之，说服知识是一组与对说服有帮助的心理事件、这些心理事件的原因和结果、这些人心理事件的重要性、人们能在多大程度上控制自己的心理反应、说服时间进程、特定说服策略的有效性和适当性相关的知识。在直播吸粉中，说服目标（即观众）在应对说服主体（即主播）的说服尝试时，观众的说服知识对观众可能选择追求的目标形成了平行的信念。然后，观众从这一组目标中选择特定的信念，从而引导他们随后的应对活动，即是否成为该主播的粉丝。并且这种说服知识引导行为的过程会受到主播和观众双方主体多种因素的影响，进而改变说服进程。

1. 情感说服知识

情感是说服知识的重要维度之一（Boerman et al.，2012；Rozendaal et al.，2011），通常被称为态度性说服知识。从说服主体来看，这一维度表达了其对于说服信息的态度和信念；从说服对象来看，这一维度考虑的是它们不相信或者不喜欢说服尝试的倾向（Boerman et al.，2012；Rozendaal et al.，2011）。学界对于情感说服知识的探讨主要集中在广告投放领域。例如，Brown & Stayman（1992）指出当广告涉及耐用商品或服务而不是非耐用商品或服务时，受众对广告的情感反应与对广告品牌属性的信念有更强的相关性。这与 PKM 一致，PKM 假设人们会应用情感说服知识试图从营销人员的影响行为中学习与预测营销人员未来服务行为相关的东西，并以此形成产品与品牌判断的信念。在品牌植入的背景下，Matthes et al.（2007）将说服知识理解为“对令人不安的产品植入的感知的激活态度”，一个突兀的植入位置很可能被认为是一种令人不安的说服尝试，即情感说服知识被激活（Choi et al.，2018；Meijers et al.，2018；Van Reijmersdal，2009）。

2. 认知说服知识

认知说服知识即说服知识的认知维度。它常指说服主体关于隐藏的目标和意图的理解。对于说服对象而言，认知说服知识指他们对于这些隐藏目标和意图的识别。例如，当消费者识别出电视里产品的广告投放时，他的认知说服知识就会被激活。根据PKM，认知说服知识是基于经验而随着时间的推移而发展的，情境因素通常会影响认知说服知识的激活或压抑。Campbell & Kirmani（2000）强调了情境因素对激活说服知识的重要性。他们指出说服对象的认知能力表示当前情境下未被占用的认知资源，在劝说互动中，识别不太明显的说服尝试需要更大的认知能力，而明显的说服尝试则能更容易地被分类，因为这需要说服对象更少的认知资源（Fein，1996；Gilbert et al.，1988）。人们在识别出说服尝试的隐藏程度后，会激活不同类型的认知说服知识以应对说服尝试。并且，要熟练运用应对策略，他们还需要不断练习。在人们第一次意识到一种意料之外的策略后，通常会有一段调整时间，此时，他们的反应可能会有很大的波动，因为他们会尝试各种应对策略后再确定最终策略，这还取决于行为主体的行为方式。

3. 技巧说服知识

说服知识的技巧维度主要针对说服主体，它常指说服主体为传达说服尝试信息所做出的具体行为反应。而对于说服对象而言，Kirmani & Campbell（2004）认为说服知识是一种个人直觉理论，说服对象不仅可以推断说服主体的意图，还应该做出行为反应，这将发生在情感说服知识和认知说服知识被用来推断说服意图后，技巧说服知识才会被激活以做出应对反应。具体来说，当说服意图被推断为操纵时，目标对象很有可能会抵制说服尝试，因为这种尝试与他们的目标不符。相反，说服对象不仅可以推断说服尝试的操纵意图，还可以推断说服主体的合作意图。当说服尝试的意图被推断为合作时，目标对象很可能会接受而不是抵制说服尝试，因为这种尝试将帮助他们实现目标，即使隐藏的说服意图被识别出来。Cho & Cheon（2004）在互联网情境下解释了认知、情感和技巧说服知识的相互作用与联系。认知说服知识发生在接触说服尝试的前期，包括欣然接受或故意回避说服尝试传递的信息。当目标对象喜欢或讨厌说服尝试信息时，就会出现情感性信息接受或回避。而作用于行为反应的技巧说服知识则是指目标对象立即观看或者屏蔽的具体行为。

2.3.4 目标知识

目标知识，包含对说服主题（如广告商、销售人员）的特征、能力和目标的信念。这可能包括一般的刻板印象知识，例如，“汽车销售人员都很爱出风头”（Sujan et al.，1986）；或对特定代理的特定知识，例如，“某某销售对美食很了解，可以信赖，她会给我很好的推荐”。人们可能经常会面临这样的情况：他们不确定他们的主题态度的有效性。在这种情况下，人们会被激励去有效地改进他们对营销人员的态度以及他们对所推广产品的态度，因为这允许他们从所观察的每个广告或销售演示中提取最大数量的有意义的信息。例如，当一个广告引发了消费者对广告商动机的怀疑时，其对于广告策略的察觉便会增强。由于目标知识所对应的激活主体是说服对象，在此种情况下，稀缺诉求的说服力便会降低。说服知识的激活会导致更低的感知可信度、更高的感知欺骗以及更低的行为意向（Kirmani & Zhu，2007）。PKM 指出人们会通过更精细的、系统的、简单的、启发式的加工活动来学习处理他们的说服应对任务，此时目标知识常被激活，以有效地改善他们的产品态度。

Ahluwalia & Burnkrant（2004）探究了广告中的反问句（比如“你知道穿 Avanti 的鞋子可以减少患关节炎的危险吗”）是如何根据被试的目标知识（对品牌的喜爱度和满意度）和性格说服值（例如，他们通常有多了解这种广告劝说手段）进行解读的。他们的实验结果表明只有当说服值较高时，受访者才会使用他们的代理态度（即对代理商的先验态度/好感度）来评价使反问句的说服策略。在这种性格说服值条件下，如果代理态度是良好的（比如，他们相信代理商是有社会责任感的公司），这种反问句的劝说策略会更容易被视为开放式的劝说形式，进而带来积极的劝说结果。相反，当对代理商的先验态度较消极时，受访者会认为反问句的形式像在施加压力，进而加剧对代理商的消极态度。当受访者的说服值较低时，无论代理态度积极还是消极都没有差异，因为受访者没有识别或处理说服策略。

2.4 本章小结

本章回顾了直播吸粉、机器学习、说服知识的相关研究，以现“主播吸粉效果研究——定性访谈、计算机视觉和多模态机器学习的混合方法”存在研究空白，尚有研究机会。小结如下：

第一，回顾直播吸粉的相关研究发现，影响吸粉效果的关键在于主播说服力，在直播视频中表现为面部表情、重复强调、身体前倾等较为抽象的因素。但学界目前对直播吸粉的研究多关注相对固定的“人、货、场”等因素，无法为主播提供精准的定量指导。因此，本书将开展吸粉效果的量化研究，以弥补研究空白。

第二，回顾机器学习的相关研究发现，机器学习在自然语言处理、音频分析、图形处理等方面拥有广泛应用。其中，文本机器学习包括 BERT、GPT1234 等，本书调用阿里云 API 接口分析文本数据以契合直播电商场景；声音机器学习包括 librosa、pyAudioAnalysis、Praat－Parselmouth 等，本书使用 COVAREP 以提取 74 维声音特征；图像机器学习有 Xception、EfficientNet、Inception－ResNet 等，本书使用 OpenFace2.0 以实现面部地标检测、头部朝向估计、面部动作单元识别和眼神注视估计的多任务实时分析（Baltrusaitis et al.，2018）；多模态机器学习有 TFN、RMFN、MFM、MCTN 等，本书引入 GMFN 以分析并解释模态融合。

第三，回顾说服知识的相关研究发现，吸粉其实是一种说服尝试，关键在于主播的说服力。主播通过面部表情、重复强调、身体前倾等向观众传递说服信息，观众与之对应的依次激活说服知识以应对主播的说服尝试。根据 PKM，说服知识包含情感、认知、技巧三个维度，适合于解释主播吸粉这一说服尝试，因此，本书采用说服知识作为理论基础。

3　研究假设与概念模型

通过第 2 章文献综述发现“主播吸粉效果研究——定性访谈、计算机视觉和多模态机器学习的混合方法”存在研究空白。为填补这一空白，本章将基于说服知识理论推导研究假设，建立概念模型。

第一，说服知识与吸粉效果。吸粉是一种通过唤醒观众跟随主播意愿的说服尝试（Casaló et al.，2020；Tang & Chen，2020），它的成功与三种类型的说服知识相关：

（1）情感说服知识。它常指说服主体对于说服信息的态度和信念，通常与语言情感、面部表情、眼神注视、声音音高相关。

（2）认知说服知识。它常指说服主体关于隐藏的目标和意图的理解，通常与重复广度、重复深度、比喻语言相关。

（3）技巧说服知识。它常指说服主体为传达说服尝试信息所做出的具体行为反应，通常与身体前倾、头部朝向、流畅程度、声音语速、声音响度相关。

因此，基于说服知识理论，本书将推导这 12 种因素作为自变量影响因变量吸粉效果的研究假设。

第二，说服力的中介机制。根据说服知识理论，促使说服对象行动或改变行为具有说服力。在直播视频中，说服力涉及文本、声音、图像三方面信息，每个方面都有重要影响（Park et al.，2014）。如文本信息的重复强调可以加强听众对关键信息的记忆以增强说服力；音高、响度、语速等可以通过增强主播可信度进而提升说服力；面部表情等图像信息从视觉层面加深主播说服力。此外，文本、声音、图像的融合也会影响说服力。例如，声音特征和动作姿态的协调表现，有利于提升说服力（Yokoyama & Daibo，2012）。因此，本书将说服力作为中介变量，分别提出关于文本说服力、声音说服力、图像说服力中介作用的研究假设。

3.1 说服知识与吸粉效果

吸粉是一种通过唤醒观众跟随直播主播意愿的说服尝试（Casaló et al.，2020；Tang & Chen，2020）。PKM是关于说服尝试的经典理论（Friestad & Wright，1995），它指出说服尝试的成功与三种知识类型相关，其中说服知识包含情感、认知、技巧三个维度，能用来解释主播吸粉这一说服尝试。三个维度具体如下：第一，情感说服知识。它常指目标对象不信任或不喜欢说服信息的信念。它通常与主播的语言情感、面部表情（Burgoon et al.，1990；LaCrosse，1975）、眼神注视（Mehrabian，1968）和音高相关。第二，认知说服知识。它是目标对象关于说服主体策略和意图的信念，通常会被主播重复（Burgoon et al.，1990；Cook，1969）以及比喻的语言表达影响。第三，技巧说服知识。它是三种说服知识的最后一环，即在情感说服知识和认知说服知识被激活后所唤醒的作用于行为反应的目标信念。在直播中，它常与主播说服技巧相关，可以通过训练加以提升，包含肢体语言、头部朝向、说话流畅度、语速和响度（Mehrabian & Williams，1969）。因此，说服知识变量，如面部表情、头部朝向、声音响度、重复强调等，都会影响主播的吸粉效果。这些变量与三种说服知识密切相关，这将是推导假设的理论基础。

3.1.1 情感说服知识影响吸粉效果

情感说服知识指说服主体对于说服信息的态度和信念，会被以下四方面因素影响：

语言情感。语言情感对说服尝试的影响是多方面的。即使在对同一内容的描述中，使用不同的文本语言表达情感也会导致不同的说服效果。例如，积极的信息传递方法在描述事实时会产生相当好的说服效果（Tversky & Kahneman，1985）。典型的例子包括：在描述事实时，与“伤亡人数”相比，“存活人数”会因其积极的信息传递方法而具有更好的说服效果。这可以归结为语言情感，这在以往的著作中有所探讨。这些研究表明，说服效应的过程不仅包括信息接收者的认知反应，还包括对说服信息的情感反应（Vakratsas & Ambler，1999）。实验表明，为了突出信息源的权威性，说服主体应该在说服信息中加入情感内容。在实践中，文本情感会影响用户的消费行为，例如网络评论中的情感意见会形成网络口碑，进而对产品销售产生重大影响（Archak et al.，2011；Weber & Wirth，2014）。在直播中，主播通常会使用要求观众关注直播间、转发直播等脚本，通过描述自己对直播的感受来获得更多的关注。一些主播还常用“快抢”“低至”等短语刺激观众的紧张感和兴奋感，此种情感表达对观众的影响是极大的（Luo et al.，2021）。因此，一个具有积极语言情感的主播应该能吸引更多的关注者。

面部表情。正如 Dyck & Coldevin（1992）所言，展示面部愉悦的照片在筹款中更有说服力。这是因为积极的面部表情可以有效地增强慈善广告的说服力，导致良好的反应，如增加捐款（Cao & Jia，2017；Solomon et al.，1981；Tidd & Lockard，1978）。对于面部表情影响人类感知的普遍结论是，积极情绪导致接近倾向，消极情绪导致回避倾向，主播在直播中常展示积极的面部表情会拉近与观众的心理距离，进而达到良好的吸粉效果。愉悦面部表情的积极作用在慈善捐款中得到了广泛研究与证实。为了鼓励个人捐款，慈善组织经常使用募捐广告，展示潜在受助者的面部表情（Cao & Jia，2017）。一些研究（Bagozzi & Moore，1994；Coker & Burgoon，1987；Zemack－Rugar & Klucarova－Travani，2018）认为，愉悦的面部表情比悲伤的面部表情更能有效地鼓励消费者捐赠，因为愉悦的面部表情可能会为捐赠者提供一个理想的捐赠前景，例如，受赠人将能够摆脱目前的困境。从情绪传染理论推断，面部表情可能引起观察者的替代情绪（Hatfield et al.，1993），因此对消费者的捐赠意愿有显著影响（Tamir，2010）。综上推测，主播愉悦的面部表情会为观众带来更好的视觉体验，进而吸引观众关注。

眼神注视。目光接触是人与人之间最重要的社会互动途径之一，同时也是促进亲社会行为的有效线索（Cañigueral & Hamilton，2019；Kelsey et al.，2018；Vaish et al.，2017），当个体意识到自己被观察时，他们更有可能考虑到观察者并做出亲社会行为（Alpizar et al.，2008；Soetevent，2011）。先前研究（Bateson et al.，2006；Francey & Bergmüller，2012；Powell et al.，2012）表明眼神接触的存在可以增加合作行为（Bateson et al.，2006）、遏制消极行为（Francey & Bergmüller，2012）、改善捐赠意愿（Powell et al.，2012）。例如，Oda et al.（2011）发现，即使是像眼睛一样的画也能提高消费者对良好声誉的期望。展示眼睛的图像可以促使人们参与合作行为（Ernest－Jones et al.，2011）。此外，Ekström（2012）认为目光接触与积极的面部表情一样可以有效增强捐赠意愿。具体来说，他发现，当观看一副带有眼睛的图画时，消费者往往表现出更高的捐赠意愿。Fathi & Abdali－Mohammadi（2015）也证实了这一观点，他们发现与眼睛图像的眼神接触可以显著增加平均捐赠量。在直播中，目光接触给观众带来了被观察的感觉，因此，他们会增强对自身感觉的关注（Haley & Fessler，2005）。此外，已有研究表明目光接触会影响个人处理他人面部表情信息的方式（Adams Jr & Kleck，2005）。眼神接触的存在很可能与接近动机有关，加之接近动机通常与积极情绪相关，因此当眼神接触与相匹配的面部表情相吻合时，可能会引发更强烈的情绪反应（Adams Jr & Kleck，2003，2005），眼神接触的存在可能会促进个人对愉悦面部表情的加工。此外，目光接触的存在也会影响消费者的情感感知。之前的研究（Sutherland et al.，2017；Willis et al.，2011）揭示了目光接触的存在也会影响个体的社会判断，如可信度判断。例如，Willis et al.（2011）发现眼神接触会影响个人的可信度判断。当有眼神注视而不是没有眼神注视时，快乐的面孔被认为更值得信任。Sutherland et al.（2017）也对结果进行了重新验证。他们发现，快乐的表情会通过直接的眼神注视而被认为是最值得信赖的。因此，本书推测主播与观众的眼神注视不仅能激发观众更强烈的积极情绪，还能对观众处理面部表情产生影响，进而影响吸粉效果。

声音音高。音高是声音的感知频率，与基频（F0）相关，受性别、年龄等多种因素的影响（Hollien & Shipp，1972）。男性的 F0 在 120Hz 左右，女性则在 210Hz 左右（James et al.，2019）。声音音高对说服力的感知也在以往研究中得到了广泛验证。例如，Collins & Missing（2003）的研究结果显示女性普遍认为 F0 值较低的男性具有吸引力。更低水平的音高不仅能暗示说话者的积极品质，还能激励听者。与高亢的声音相比，低沉的男声让人觉得更值得信赖、更有力，不那么让人紧张（Apple et al.，1979）。无论对于男性还是女性而言，人们都认为低沉的声音比尖锐的声音更有吸引力（Jones et al.，2010），因为低沉的声音意味着主导优势（Tsantani et al.，2016）。相比之下，尖锐的声音可能表明这个人处于恐慌或痛苦的状态（Scherer，1981），因此不那么有吸引力或容易接近。在激励行为方面，研究人员也探索了声音音高在投票行为中的重要性。Gregory & Gallagher（2002）对 1960 年至 2000 年间举行的 19 场美国总统辩论进行了光谱分析。他们发现，在每次选举中赢得普选的候选人在辩论中说话的音高都较低。Tigue et al.（2012）在一项关于音高对投票偏好影响的直接研究中，制作了 9 位美国总统录音的高水平音高和低水平音高版本，并要求参与者指出他们会投票给两个版本的候选人中的哪一个。无论候选人性别如何，低水平音高的人都会以压倒性的优势赢得选举。声音低沉的总统候选人往往被认为更有统治力，更有吸引力，更值得信赖，更诚实，更有领导能力。另外，音高是传递情感的一个重要语言指标（Fairbanks & Pronovost，1939；Frick，1985；Rodero，2011），通常，高水平音高常与愤怒情绪相关联（Lynch，1937），而恐惧情绪通常会通过较宽的音高范围表达（Fairbanks & Pronovost，1939）。直播吸粉场景与竞选类似，主播需要凭借声音吸引观众，向观众传递出值得信赖的、诚实的形象。因此，本书推测主播声音音高会影响吸粉效果。

综上所述，情感说服变量与主播吸粉效果之间有着密切联系，基于此，提出研究假设：

H1：更积极的语言情感、更愉悦的面部表情、更频繁的眼神注视和更低的声音音高有助于提升粉丝增量。

3.1.2 认知说服知识影响吸粉效果

认知说服知识常指说服主体关于隐藏的目标和意图的理解，它与以下两方面因素密切相关：

重复程度。重复行为对于有影响力的人传递信息总是有帮助的，因为这是一个重要的工具，可以使演讲者的内容让听众记住。特别是在产品介绍的背景下，重复强调产品好处的有力的词汇或短语将加深观众的印象（Kirova，2020）。反复尝试通过使用有说服力的信息来说服人们改变他们的行为是一个有用的方法（Sakai et al.，2011）。Griffin et al.（1984）指出，在句子的开始或者结束重复关键词或短语，以创造一种节奏感是一种重要的言语工具，可使听众记住演讲者传达的主要思想。Grice（1989）表明，理性行为的人在某种目的驱使下会擅用重复进行沟通。例如对于在选举中争取选民支持的政治家来说，使用重复可以将选民的注意力吸引集中在关键字、短语或想法上，重复的目的是通过强调说服听众。许多心理学研究证实，重复是一种强有力的工具，它能帮助接收者记住信息，从而起到说服的作用。Begg et al.（1992）证明，与第一次接触的信息相比，人们更倾向于重视被重复一次的陈述。研究还显示，即使传递信息的人在不断撒谎，人们也会认为这些陈述更真实。如果人们认为信息内容是真实的，他们就会更容易被其说服。心理学家将这种现象描述为“真相的幻觉”。换言之，人们通过处理信息片段以理解它们所传达的内容的容易程度。人类大脑认为熟悉的事物需要更少的努力来处理，这种舒适感会在潜意识中被大脑识别为真相。简言之，任何对人类来说容易理解的东西似乎都更真实，因为熟悉孕育了积极的内涵。重复工具的使用创造了对于人类大脑而言熟悉的信息，进而增强了说服主体的可信度。在直播中，可以将重复程度分为重复广度和重复深度两类。前者是指重复内容的多样性，后者指就同一内容的重复次数。

比喻语言。为了提高演讲的效率，具有高说服力的演讲者会使用比喻语言，因为它使演讲更有趣，更有吸引力，更令人难忘。比喻语言是一种使得语言更加丰富和饱和的言语手段，确保语言达到预期效果的特殊媒介(Rudnick，1973)。隐喻是一种常用的比喻语言，它有助于在交流对象的头脑中创造一个有影响力的形象。交际目的性可以通过在演讲中使用适当的隐喻来实现，从而使演讲更加有力和有说服力。在直播中主播也常会使用比喻语言描述产品特征和使用体验等，这不仅能提升直播的趣味性，还能加深观众印象，对吸引粉丝大有裨益。

综上所述，认知说服变量在主播吸粉过程中将起重要作用，基于此，提出研究假设：

H2：更多的重复和更多的使用比喻语言有助于提升粉丝增量。

3.1.3 技巧说服知识影响吸粉效果

技巧说服知识常指说服主体为传达说服尝试信息所做出的具体行为反应，它与以下五方面因素相关：

身体姿势。有大量的文献将人体运动与非语言行为的三个维度——直接性、支配性和觉醒性联系起来（Burgoon et al.，1989)，这些心理维度被称为近端感知。直接性不仅指由非语言行为产生的感官参与的程度，也指所发出信号的心理接近的程度。因为人们通常会接近他们喜欢的东西，避开他们不喜欢的东西（Mehrabian，1968)。在直播中，主播通常在镜头前来回踱步以展示产品或适当拉近与观众的距离，因此，前倾姿势会通过拉近与观众的物理距离和心理距离来增加说服力（Burgoon et al.，1990)，有助于吸引粉丝。这类近端感知最常被视为直接信号，归类为支配行为，为观众传递能量与力量。大量的文献已经确定了身体姿势的运动与支配和觉醒相关（Burgoon et al.，1989)，并将这些信号与可信度联系起来。Ekman et al.（1976）的研究表明，更多的面部活动，更恰当地使用手势以及一些身体姿势可以增加可信度的总体感知。此外，身体前倾会提升说话人的能力、个性、沉着以及社交能力（Burgoon et al.，1990)。因此，适当的身体前倾姿势有助于主播吸粉。

头部朝向。点头常常与身体姿势、眼神注视和面部表情等被归类为人类的非语言行为，其往往具有直接性。Mehrabian（1968a）指出直接性的非语言线索能加强人际关系沟通中的亲密感，与沟通者的积极评价有关。Burgoon et al.（1990）已经证实非语言行为，包括更多的眼神注视、身体前倾、愉悦的面部表情以及频繁地点头将增加说话人被感知到的说服力和社交能力。除了对公共演讲中这些直接性非语言行为效果的探讨，许多研究人员还在教育领域验证了这些结果。Burroughs（2007）在课堂上研究了教师非语言行为直接性和学生依从性之间的关系。他发现，教师的点头行为与学生的依从性之间存在正相关关系。换言之，那些认为老师在非语言行为表现得更直接的学生表现出更强的服从意愿。在相似的教育背景下，Moore et al.（1996）研究了学生对教师的直接非语言行为的感知与教学评价之间的关系。他们发现学生对教师的头部朝向、身体姿态、眼神注视和面部表情等非语言行为直接性的评价与他们对教学质量的评价正相关。同样地，不少学者也研究了销售人员的非语言直接性对各种结果变量的影响。例如，Leigh & Summers（2002）研究了销售人员展示某些非语言暗示的变化如何影响买家对销售人员和销售展示的判断。在他们的 8 个实验材料中销售人员展示的非语言行为强度存在差异（如频繁点头、适当点头、保持中立），结果显示销售人员相对适当的头部动作比频繁或较少的点头更能让买家对销售人员的机智、移情和积极性做出有利判断，即销售人员更有可能被判定为更有趣、更情绪化、更可信和更个人化。因此，本书推测主播头部朝向这种非语言行为与培养主播与观众的关系，进而提升吸粉效果紧密相关。

声音流畅度。Burgoon et al.（1989）认为，令人感到愉快的特征——非常流利增强了对能力、镇定、性格和社交能力的可信度感知。Lay & Burron（1968）和 Miller & Hewgill（1964）也证明了声音流利程度和感知效率或能力之间的直接正相关关系。McCroskey（1969）表明信息的流畅传递会造成听者的态度改变，不流畅的信息传递会降低说服的有效性。具体来说，一个有组织的、流畅的、有说服力的信息会比一个无组织的、流畅的信息或有组织的、不流畅的信息产生更大的态度转变，进而这个表达流畅的信息源会比表达不流畅的信息源更可信。Burgoon et al.（1990）的研究表明更流利的声音与更高的竞争力、社交性以及沉着冷静感知相关。Ketrow（1990）在对电销人员语音和说服力的探究中指出，说话流利，很少有停顿、不自然的犹豫或结巴的声音有助于说话者获得更大的可信度和社会吸引力，这反过来会导致目标方面具有更大的说服力和依从性。因此，本书推测，直播主播的声音流畅度会影响吸粉效果。

声音语速。在大多数人际交流中，听者同时通过听觉和视觉渠道接收信息。Miller et al.（1976）认为，声音语速是听觉渠道的重要来源之一，它会影响听者分析给定信息的方式，已被证明是接受者对信息源做出判断的重要来源。语速是说服的一个关键因素，因为它影响信息的理解（Smith & Shaffer，

1995）。此外，这方面的讲话也会影响可信度（Fujihara，1986；Miller et al.，1976；Perloff，1993）和说服力（Mehrabian & Williams，1969b）。一般来说，在欧洲和美国，语速快的人往往能抓住听众的注意力，被认为是高度可信和有说服力的（Miller et al.，1976）。这与日本的情况形成了鲜明对比，在日本，说话慢的人被认为是非常可信的。因为慢速讲话被认为是为了引导听者的思想向想要的方向发展（Fujihara，1986）。先前的研究已经普遍证明了声音语速与说服力感知之间的联系。研究普遍发现，说话速度适中和语速较快的人被认为比语速较慢的人更聪明、更有能力、更自信、更可信、更有社交吸引力和表达更高效（Buller et al.，1992；Putman & Street，1984；Skinner et al.，1999）。Street et al.（1983）发现，听者的能力判断与实际和感知的更快语速线性相关。具体来说，说话快的人被认为比说话慢的人更可信的一个原因是他们能更好地抓住听众的注意力（Perloff，1993），听者对能力和社会吸引力的印象更青睐于语速适中的讲话，而不是语速缓慢的讲话（Street et al.，1983）。语速慢被判别为不太可信的另一个原因是语速相似度与更高的亲密度、社交能力和服从相关（Buller et al.，1992）。例如，人们发现，语速相似度会导致更高的能力和社会吸引力评级（Feldstein et al.，2001）。据此，本书推测主播适当提升语速会更有利于吸粉。

声音响度。响度是一个表达人类如何感知声音力量的术语，它由包括振幅在内的几个物理因素组成。分贝是一个常用的对数单位，用来描述两种声音之间的功率差，它可以用来量化振幅。许多人际行为研究调查了人类声音的振幅如何影响感知。Burgoon et al.（2000）要求本科生将描述朋友的属性标记为最具支配性和最不具支配性，结果表明，音量是影响主导性的属性之一。在Tusing & Dillard（2000）的研究中，参与者被要求判断含有几种语音信息的视频，这些视频具有不同的平均振幅、振幅方差。结果表明，振幅的两个变量（平均振幅和振幅方差）与支配感知正相关。Scherer（1981）称在某些条件下，更大的音量与自信相关。自信的声音会与“热情的”“有力的”“积极的”“能干的”等形容词关联。在大多数情况下，被判定为声音大的说话者会表现出与一贯的自信和能力相关的个性特征，这与Mehrabian（2017）的研究结果一致，他指出说话音量被发现为一种更占优势和自信的感觉。此外，更大的声音也会增加社交感（Scherer，1981）。Burgoon et al.（1990）则直接通过大规模实验证实了音量会影响说服。因此，吸粉效果可能与主播的声音响度有关。

综上所述，技巧说服变量在主播吸粉过程中将起到重要作用，基于此，提出研究假设：

H3：更多的身体前倾、幅度更大的头部朝向、更流利的语言、更快的语速以及更大的声音响度有助于提升粉丝增量。

3.2 基于说服力的中介机制

说服被定义为通过改变信念、价值观或态度来影响他人的沟通行为（O'Keefe，2002），是通过传递信息而进行的有意识的尝试（Bettinghaus & Cody，1994）。说服力可以描述为一个人改变别人观点的能力，通过在交流中增加说服力可以改变他人的行为或决定。作为人类沟通的核心因素，说服力包含多方面信息，包括文本、声音、图像，每方面都有重要影响（Park et al.，2014）。此外，文本、声音、图像的融合也会影响说服力。

3.2.1 文本说服力的中介机制

文本与说服力紧密相关，通常包括语言情感、比喻语言和重复强调。

第一，文本信息的情感性质对说服力的影响已在以往研究中得到了验证。例如，Hovland et al.（1953）指出，如果要导致信念的改变，信息必须激起接收者的情绪。事实上，Hovland et al.（1953）从理论上认为，情感诉求（例如兴奋、恐惧甚至威胁）比诉诸理性主义更有说服力。对比说服力中的理性维度，关于说服或观念改变的研究已经加深对情感维度的探讨（Chambliss，1995）。Murphy（2001）的研究指出，如果专家被要求判断一篇文章的说服力，他们会参考文章的情感性质。进行说服尝试的过程不仅包括信息接收者的认知反应，还包括对说服信息的情感反应。因此，语言情感会影响说服力。

第二，作为最常用的比喻语言之一的暗喻可以通过使讲话更有力和有说服力来达到交际目的（Galperin，1977）。暗喻——在两个看似不相容的概念之间进行比较，以产生象征意义——在各种形式的交流中扮演着重要的角色，而广告可以说是最喜欢使用隐喻来说服人们的领域之一。研究表明，印刷广告中四分之三的标题或标语使用比喻性词汇（Leigh，1994），这一趋势在过去几十年里有所增加（Burgers et al.，2015；Proctor et al.，2005）。同样，广告商经常使用暗喻来增强消费者对他们想要传达的主要思想的理解。Septianto et al.（2022）通过三个实验进一步指出隐含情感诉求的广告暗喻更能增加说服力。Fearing（1963）认为暗喻增加了信息的说服力，通过在演讲中加入暗喻，演讲者将更易改变听众的态度想法，因为暗喻能激发感官，使话语生动起来，进而让人们更容易关注信息的论点。因此，暗含比喻的语言会增加主播的说服力。

第三，Petukhova et al.（2017）的研究表明，使用重复强调，即在句法、音调或节奏上重复单个单词或短语，既可以减少信息密度，又可以加强听众对关键信息的记忆，以提供强大的说服性演讲。Hovland et al.（1953）指出，信息重复可以提高一个人注意、理解和保留交流意愿的可能性和程度。听者态度会随着语言习惯发生改变，进而产生有说服力的交流。重复接触信息为接收者提供了关注、理解、编码和详细阐述信息论点的机会，因此随着重复次数的增加，信息接收者用于信息论证、问题处理的工作量往往会增加，这反而可以部分克服人们处理信息倾向或能力的限制，增强沟通的说服力。以前研究广为接受的观点是“频繁接触会改变话题相关思维，从而改变一个人对说服的敏感性”，并且过去对信息重复的研究还发现，重复的次数和考虑信息中重复内容的特定位置都会对信息的说服效果产生影响。因此，本书推测重复的深度以及广度都会影响主播说服力。

综上所述，语言情感、比喻语言以及重复强调会对文本说服力产生影响。一方面，当主播常用含有积极情感的暗喻，并且在特定的重要信息节点重复强调内容时，会增强直播的说服力。另一方面，说服力的结果效应在传统的情景中已经得到广泛证实。例如，许多探索电子口碑（eWOM）的研究人员认为如果消费者认为口碑传播有说服力，他们就会依赖它（Baek et al.，2012；Cheung et al.，2009）。消费者感知信息说服力的方式会影响他们的态度、购买意愿，进而影响销售（Ismagilova et al.，2016）。此外，课堂参与（Orji et al.，2018）、组织管理（Ekström，2012）、服务营销（Marmorstein et al.，2001）等领域都已验证过说服力的后续结果效应。因此，本书推测直播中主播的文本说服力会对吸粉效果产生影响。

3.2.2 声音说服力的中介机制

以往关于声音与说服力之间的探讨研究已较为成熟，通过梳理相关文献发现声音说服力通常包括声音音高、声音响度、声音语速和流畅程度。

迄今为止，与说服力相关的研究表明可信度、专业性和吸引力是其三大前因变量（Chaiken，1979；Clark et al.，2012；Pornpitakpan，2004），音高、响度等声音线索常与三大前因变量相关。例如，Wang et al.（2018）的研究表明参会者的音高和响度会影响他们在语音会议中的主导力和说服力。低水平音高的说话者被认为更有力、更强大、有能力、诚实、有同情心和值得信任。并且音高变化能增强他人对其能力、性格和社交能力的感知（Addington，1971；

Brown et al.，1973，1974；Scherer，1981)。另一种潜在的暗示，即响度也能增强支配感、活力感、能力感以及情绪稳定性（Aronovitch，1976；Burgoon，1978；Erickson et al.，1978；Mehrabian & Williams，1969b；Ray，1986；Scherer et al.，1973)。与更柔和的声音相比，更大的声音也会增加社交感（Scherer，1979)。Iersel et al.（2011）的研究表明通过人为操纵人工代理的说话响度，被试者感知社会能力提升，进而增强了人工代理的说服力。他的研究为通过使用声音线索来增强被试者感知的社会力量，从而增加说话主体的说服力的可能性提供了可行方案。

与此相关，说话更快的人通常被认为更流利、更有能力、更有社交吸引力、更真实、更有吸引力（Apple et al.，1979；Chattopadhyay et al.，2003；Cheng et al.，2016；Klofstad et al.，2015；Oleszkiewicz et al.，2017；Street Jr et al.，1983；Tigue et al.，2012；Wiener & Chartrand，2014)。此外，说话快的人还被听众认为比说话温和的人更有知识（Maclachlan，1979)。一些研究直接点明略微加快的语速可以增强说服力（Apple et al.，1979；Mehrabian & Williams，1969b；Miller et al.，1976)。声音流畅性通常与传达愉悦性线索相关，与之相关的停顿或延迟特征也倍受关注。流畅的演讲通常没有长时间的停顿、犹豫、重复、句子变化、插话等。研究表明，流畅、毫不犹豫的演讲比不流畅的演讲更可信，特别是在能力和社交判断方面（Barge et al.，1989；Erickson et al.，1978；McCroskey，1969；G. R. Miller & Hewgill，1964；Ostermeier，1967；Scherer et al.，1973；Sereno & Hawkins，1967)。短暂的停顿也能加强可信度（Lay & Burron，1968；Newman，1982；Scherer，1979；Scherer et al.，1973；Siegman & Reynolds，1982；Street et al.，1983)，较短的反应延迟特别有助于提高能力，而适度的反应延迟则有助于提高可信度（Baskett & Freedle，1974)。

综上所述，音高、响度、语速和流畅度等声音特征与说服力的三大前因变量——可信度、专业性和吸引力紧密相关，故而会影响说服力。因此，本书推测主播可以通过优化声音特征提升说服力，进而改善吸粉效果。

3.2.3 图像说服力的中介机制

直播是一种视听事件，除了听觉通道，视觉层面的信息接收与处理对于观众来说也至关重要，其往往是观众重要的感知和判断来源，通常与主播的面部表情、头部朝向、身体前倾和眼神注视相关。

面部被认为是“情感展示的主要物理媒介”（Bonaccio et al.，2016)，通过面部表情进行情感交流可以引发他人的反应，从而产生人际效应（Hwang & Matsumoto，2016），面部表情可以直接影响接受者的态度，从而间接导致意图和随后行为的改变（Albarracin & Shavitt，2018；Wong et al.，2013）。情绪表达可以通过面部表情来传达，再加之情绪可以作为说服的手段，因此个体的说服力可以在面部情绪中表现出来。在实践中，面部情绪的展示也通常作为一种操纵性的谈判策略。例如，Kopelman et al.（2006）的研究指出，在公司治理中，董事会成员在特定场合会故意使用积极的面部表情以增强自身的个人说服力。与之相关，Fennis & Stel（2011）表明了手的动作、前倾的身体位置、快速的身体动作对感知的说服力有重要作用。前倾的身体动作会拉近交流双方的心理距离，降低说话主体的压迫性和主导性，进而提升说服力。此外，身体姿态的展示通过肢体直接性体现出说话主体更强的社交能力，有助于听众对于说话主体的性格判断。

研究表明，更频繁或长时间的眼神注视会增加可信度（Hemsley & Doob，1978；Kleck & Nuessle，1968；LeCompte & Rosenfeld，1971；Mehrabian，1968a；Mehrabian & Williams，1969a；Patterson & Sechrest，1970；Timney & London，1973；Zuckerman et al.，1979）。不仅如此，眼神接触的增加还会体现出说话人更多的活力与亲和力，拉近与会话者的距离（Beebe，1976；LaCrosse，1975）。眼神接触越频繁、越长时间，说服力就越强（LaCrosse，1975；Maslow et al.，1971；McGinley et al.，1975；McGovern，1976；Timney & London，1973；Young & Beier，1977）。与之相关，头部朝向作为人类肢体语言的重要部分，对于说服力的影响也在以往研究中得以探讨。头部自然的点头或适度摆动都对诸如人们信任、信赖和说服力的感知至关重要（Ishiguro & Dalla Libera，2018）。Nihei et al.（2018）从说话人的音频和头部运动谱图中发现，当说话人在会议中强调重要内容时他们的头部运动部分有较亮的颜色显示出较大的频率范围，这表明头部运动可以提升说话主体在谈话中的主导力和说服力。Bettinghaus & Cody（1987）表明眼神接触、微笑、点头、手势、适度放松这些行为都能提高说话人演讲表现评级，进而转化为更强的说服力。Mehrabian & Williams（1969b）综合探究了人类非语言行为线索，他们发现具有说服力的演讲者往往会与听众进行更多的眼神接触，减少后仰或采用与听众更近的物理距离，并使用更多肯定的点头，面部表情也更加丰富。

综上所述，人类非语言线索——面部表情、眼神注视、头部朝向和身体前倾能被主播转化为图像说服力，并在随后的吸粉行为中起到重要作用。基于此，提出研究假设：

H4：说服力会中介情感说服变量、认知说服变量和技巧说服变量影响粉丝增量的过程。

3.3 概念模型

基于以上假设推导，构建了主播吸粉效果概念模型，如图 3－1 所示。基于说服知识理论的三个维度（情感、认知、技巧），探索语言情感、面部表情、眼神注视、声音音高、重复广度、重复深度、比喻语言、身体前倾、头部朝向、流畅程度、声音语速、声音响度 12 个变量对吸粉效果的影响，以及基于文本、声音、图像说服力的中介机制。

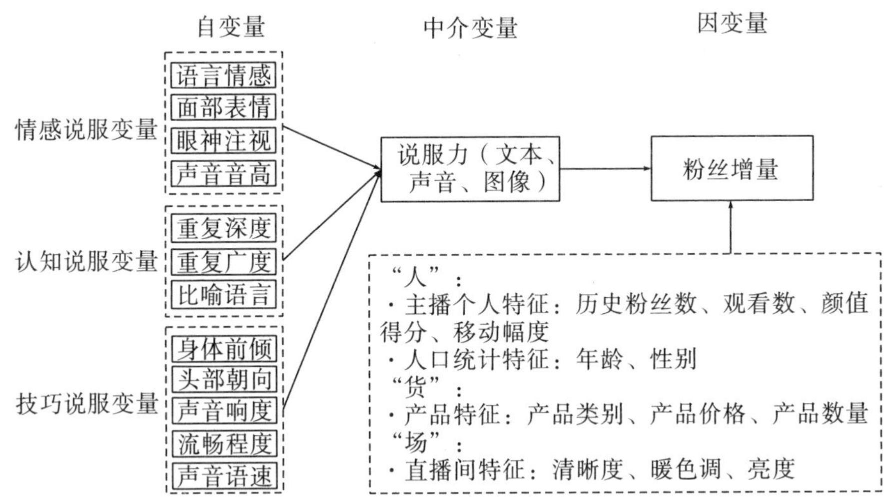

图 3－1　主播吸粉效果概念模型

注：

1. 自变量选择：基于说服知识理论的三个维度，筛选出 4 个情感说服变量、3 个认知说服变量和 5 个技巧说服变量，共计 12 个自变量。

2. 因变量选择：主播直播过程中新增关注者的数量，由平台数据获得。

3. 中介变量选择：由于自变量的选取基于说服知识理论，因此，选择说服力作为中介变量。在直播视频中，说服力涉及文本、声音、图像三种数据模态，因此，引入多模态机器学习 GMFN 测量。

4. 控制变量选择：基于“人、货、场”三要素选取。在直播中，“人”主要指主播，包括其个人特征和人口统计特征；“货”主要是直播售卖的产品，包括产品类别、产品价格、产品数量；“场”主要指直播间特征，根据 HSV（Hue，Saturation，Value）颜色模型，选取清晰度、暖色调、亮度。

5. 所有变量说明：图 3－1 中的每个变量详细说明请见 5.2 节。

3.4 本章小结

本章基于说服知识，从情感、认知和行为三个维度推导了主播吸粉效果的影响因素，并从文本、声音、图像三个维度推导了说服力的中介机制，在此基础上构建了概念模型。研究假设汇总如表 3－1 所示。

表 3－1 研究假设汇总

研究假设
说服知识与吸粉效果 • 情感说服知识对粉丝增量的影响 H1：更积极的语言情感、更愉悦的面部表情、更频繁的眼神注视和更高的声音音高有助于提升粉丝增量。 • 认知说服知识对粉丝增量的影响 H2：更多的重复和更多的使用比喻语言有助于提升粉丝增量。 • 技巧说服知识对粉丝增量的影响 H3：更多的身体前倾、更多的头部朝向、更流利的语言、更快的语速以及更大的声音响度有助于提升粉丝增量。
说服力的中介机制 • H4：说服力会中介情感说服变量、认知说服变量和技巧说服变量影响粉丝增量的过程。

4　研究 1：定性访谈

第 3 章基于说服知识理论推导出 12 个自变量和 1 个中介变量。本章采用定性访谈，从观众心理探索定性验证自变量的影响和中介变量的机制。

第一，验证 12 个自变量的影响。通过对 40 名直播观众进行半结构化访谈，经过录音转录—初步记录—结果提炼三步，发现 12 个自变量和受访者所提到吸粉因素紧密相关，假设 1、2、3 得到定性验证。例如：

（1）情感："有些主播每天都神情愉悦，看到她就感觉很开心"，提到了面部表情；"我会关注喜欢称呼我为'宝宝'的主播"，提到了积极语言。

（2）认知："主播打的一些比方会吸引我"，提到了比喻语言；"我是因为某某的那句'oh my god！美眉们买它'关注他的"，提到了重复强调。

（3）技巧："说话流利的主播更有吸引力"，提到了语言表达的流利性；"如果主播的声音特别大，我会取消关注"，提到了声音响度。

第二，验证说服力的中介。访谈中还发现，受访者通常从文本、声音和图像三个方面评价主播的说服力。有受访者指出如果主播使用一些比喻或重复语言，会让其感觉主播的文本内容很有说服力。有受访者指出主播的音调、音量、流畅度、语速等声音特征会影响说服力。还有受访者指出主播身体前倾、眼神注视、配上积极表情等看起来更有说服力，说明观众会从图像来判断说服力。此外，受访者也提到了文本、声音和图像的融合表现对说服力的影响。例如，有受访者指出主播眼神注视观众并流利地表达观点时很有说服力。受访者进一步表示，感受到的文本说服力、声音说服力、图像说服力及其融合表现会影响他们后续关注主播，成为粉丝的行为。综上所述，观众会从文本、声音、图像三方面判断主播的说服力，并影响后续的关注行为。因此，假设 4 得到验证。

4.1 研究概述

访谈可以被定义为一种讨论，研究者针对感兴趣的内容与受访者进行探讨（Eskola，2001）。访谈是一种预先计划的谈话形式，其目的是从与研究问题相关的领域获得可靠的信息（Hirsjärvi & Hurme，2008）。本章的目的是定性验证由说服知识推导而来的12个吸粉效果影响变量以及说服力的中介机制。访谈是合理的数据收集方式，因为它兼具数据收集的灵活性、加深和澄清数据的可能性、必要时可随时增加新的访谈作为补充材料的便利性（Hirsjärvi et al.，2007）。此外，定性研究可以构建对主播吸粉这一现象深入透彻的理解和解释（贾旭东 & 谭新辉，2010），避免后续的量化研究因观众先入为主的主观认识而忽视现实中的其他重要信息，为定量研究探索观众对主播吸粉真实全面的看法奠定基础。基于对40个直播观众的半结构化访谈，验证了12个主播吸粉效果影响变量以及它们的中介变量——说服力。

4.1.1 样本概况

访谈从交易量大、参与度高的中国某短视频社交平台用户中选择受访者。这种有目的的抽样是合适的，有两个原因。第一，它避免了缺乏经验的用户，他们的判断可能因为不了解行业特征而产生消极的偏见，也可能因为开始一个新的业务环境而产生积极的偏见。第二，开展访谈所获得受访者关于参与直播的丰富经验，为这个新兴行业提供更细致入微的看法。此外，进行的采访数据集应尽可能多样化，以避免最终有太多同一身份的受访者发表类似的论点。

在访谈过程执行之前，访谈者通过询问的方式对受访者进行甄别，规定受访者必须满足以下条件访谈才予以开展：第一，受访者必须有观看直播的经验，因为本研究在直播的商业背景下展开；第二，受访者必须有关注的主播且数量适中，因为本研究聚焦于吸粉主播；第三，确保总的受访者数量在性别和各个年龄段上的均衡，原则上受访者年龄处于20～50岁阶段。为了确保访谈资料的质量，访谈者对以下几种情况的访谈不予以使用：第一，受访者出现明显敷衍态度或不耐烦情绪（如很多问题都回答不知道或不清楚）；第二，访谈执行到中途出现意外情况中止的；第三，访谈执行后发现受访者并无观看直播经验或无关注主播的。

4.1.2 访谈过程

本书遵循半结构化的访谈方式，由研究者本人担任访谈者，并邀请一名同学参与记录。访谈者询问了他们对主播吸粉表现的看法，并增加了一些关于他们自身经历和状况的问题。为了挖掘访谈者的真实内心想法，研究者在数据收集过程开始前通过阅读相关文献和报告，制定了符合研究主题的访谈提纲。访谈提纲的拟定坚持围绕主题，但“点到为止”的原则，以确保访谈的有效性和开放性。所有的访谈均以访谈者和受访者面对面交流的形式展开，访谈者会根据受访者的不同回答进行不同程度的追问和互动，当访谈中不再有信息出现时将停止收集信息，这种现象发生在“没有找到额外的数据，研究人员可以据此发展类别的属性”（Glaser & Strauss，2017）的情况下。在每次访谈完成后，研究者还会再根据访谈的实际执行情况和受访者反馈对访谈提纲进行修改和完善。访谈结束后，研究者询问了受访者的基本信息，包括年龄、性别和教育背景。

访谈于 2022 年 9 月开展，执行过程共计两周时间。每一次访谈过程均使用了录音笔进行录音以获取完整信息，此举征得受访者的许可。最终共计采集了 40 个有效样本，访谈对象的基本资料详见表 4－1。总访谈时间为 24 小时 17 分钟，每次访谈时间为 20～50 分钟，每位受访者平均访谈时间为 36 分钟。

表 4－1　访谈对象的基本资料

编号	性别	年龄	职业	受教育程度	访谈持续时间
1	女	37	专业人士（教师）	专科	27 分 43 秒
2	男	38	专业人士（教师）	本科	29 分 21 秒
3	男	32	专业人士（教师）	本科	22 分 10 秒
4	女	49	政府公务人员	本科	36 分 18 秒
5	男	49	政府公务人员	专科	25 分 29 秒
6	男	26	政府公务人员	本科	42 分 11 秒
7	男	20	学生	专科	32 分 58 秒
8	女	26	专业人士（教师）	专科	27 分 09 秒
9	男	20	学生	专科	34 分 45 秒
10	女	26	公司职员	本科	43 分 33 秒
11	女	26	公司职员	专科	21 分 20 秒

续表

编号	性别	年龄	职业	受教育程度	访谈持续时间
12	女	25	政府公务人员	硕士研究生	37分48秒
13	女	27	学生	硕士研究生	49分14秒
14	男	35	专业人士（教师）	硕士研究生	42分47秒
15	男	36	专业人士（教师）	硕士研究生	31分57秒
16	男	28	公司职员	硕士研究生	42分44秒
17	女	26	公司职员	硕士研究生	33分52秒
18	女	26	公司职员	硕士研究生	25分41秒
19	男	27	个体工商户	本科	31分42秒
20	女	26	服务业人员	专科	34分55秒
21	女	48	服务业人员	高中及以下	20分56秒
22	女	23	公司职员	本科	46分11秒
23	女	23	学生	本科	43分02秒
24	男	28	专业人士（律师）	硕士研究生	26分13秒
25	女	42	个体工商户	高中及以下	29分45秒
26	男	37	工人	高中及以下	35分18秒
27	男	34	自由职业者	本科	40分53秒
28	男	49	政府公务人员	专科	37分20秒
29	男	28	公司职员	硕士研究生	24分57秒
30	女	26	政府公务人员	专科	25分26秒
31	女	28	自由职业者	专科	47分22秒
32	男	27	公司职员	专科	39分40秒
33	女	27	公司职员	硕士研究生	25分51秒
34	女	23	学生	硕士研究生	34分38秒
35	男	26	政府公务人员	本科	41分30秒
36	男	26	政府公务人员	本科	26分49秒
37	男	32	公司职员	硕士研究生	40分28秒
38	男	28	个体工商户	专科	24分34秒
39	女	27	专业人士（护士）	本科	43分17秒

续表

编号	性别	年龄	职业	受教育程度	访谈持续时间
40	男	30	学生	硕士研究生	47 分 03 秒

4.2 吸粉效果影响变量

通过以下三步整理访谈数据：第一，将访谈录音转录成文本。2 名整理者参与了这项工作，其中一位是研究者本人，另一位是参与访谈的记录人员。经过两轮的转录、补漏和校对，最终完成访谈文本。第二，初步记录。在整理出的访谈文本基础上进行初步记录。这一步的主要目的是通过对每一个访谈进行大量的回顾和记录，沉浸式地理解受访者的经历。这一过程仍然由 2 名整理者共同完成，在出现分歧或误解时讨论调整，以确保结果的一致性和可靠性。第三，整理提炼。在初步记录的基础上进行结果整理和提炼，目的是验证访谈内容是否与 12 个变量相关。从原始数据迁移到更高的抽象级别不是一个线性过程，需要多次迭代，因此这一阶段的主要工作是在文本数据分析和查阅相关文献之间循环。受访者表达了他们对主播吸粉这一说服尝试的看法，如主播的声音、口头表达和身体动作等，并陈述了被主播吸引成为其粉丝的可能性。通过整理文本内容发现，受访者所提到的吸粉因素与 12 个变量相关。

4.2.1 情感说服变量

在整理访谈材料时发现，受访者时常提及主播的情感传递。例如“有些主播说话冷冰冰的，我一听就想走开”。与之相反，如果主播总是很热情地说“亲爱的”，受访者常愿意多在直播间停留。其次，主播面部的表情神态是很多受访者关注的焦点。“有些主播每天都神情愉悦，看到她就感觉很开心”。与之相反，有受访者表示“我反而喜欢表情正常一些的主播，让我感觉没有故意讨好我，反而真实一些”。此外，虽然直播不是现实生活中的面对面交流，但整理访谈内容发现受访者仍然会注重与主播的眼神注视，他们表示“主播看着我的眼睛说话时我能感受到他的真诚，我会愿意关注他”。还有受访者对主播的声音音高也表达了观点，“主播声音不能太尖，听起来很刺耳不舒服，我一秒都不想在直播间多待”。在经过初步数据分析后，将这类访谈内容归纳为语言情感、面部表情、眼神注视、声音音高四个主题，部分访谈数据见表 4-2。

表4－2 情感说服变量访谈主要结果示例

编号	主题	主要观点	访谈记录举例
3	语言情感	认为主播积极的情感传递更能拉近彼此距离，比如亲昵的称呼、表达熟悉感的措辞等	我特别喜欢看那种很热情的主播，她经常会说“亲爱的”“我家的宝宝”之类的称呼，让我觉得很亲切，就好像她真的是我姐姐一样，让我感觉她挺靠谱的。
22	语言情感	不喜欢主播没有情绪波动，感觉很陌生且没有关注他的想法	有些带货主播感觉特别不熟悉产品，说话的时候连产品基本介绍都说不清楚，更别说互动了，好像粉丝对他/她来说有没有都无所谓，这种主播我是肯定不会关注的。
17	面部表情	主播愉悦的面部表情具有吸引力，让人感觉亲切	我基本上只刷关注的那几个主播的直播，我看他们每次都是面带微笑，就算看到一些攻击他们的弹幕也能笑着回应，好像从来都不会生气，所以我愿意看，因为每天工作已经很累了，看看这类主播会觉得心情愉悦些。
38	面部表情	主播平静的面部表情更显专业，不刻意讨好反而更有好感	我觉得现在的主播为了吸粉使出了浑身解数，基本上每个主播都是笑嘻嘻的，我看来看去总觉得有一种刻意讨好和迎合的感觉。反而那些比较平静的主播让我更有好感，觉得他们更专业，不用靠卖笑去吸粉，反而会关注他们。
40	眼神注视	频繁的眼神注视有助于拉近心理距离，提高沟通效率	在平时跟别人的日常沟通中我就喜欢看到别人的眼睛说话，在直播中我也会如此。虽然隔着屏幕，我觉得主播也应该频繁地看到镜头，跟观众一种互动的感觉。不然就成了主播在自导自演，观众自然也不会买账。
10	声音音高	女性音高不应过高，适中即可；男性音高较低更合适	我看直播发现女主播的音高普遍较高，男主播的音高会低一些。但是我不喜欢声音太尖的女主播，听起来很聒噪。其实女主播音高低一些我会更喜欢，听起来更可信。

4.2.2 认知说服变量

访谈资料显示，受访者会关注主播的语言表达。有受访者表示“有些主播老是重复一些话，来来回回就那几句，好像特别不熟悉业务”。但有些主播“每次开播都会说相同的开场白，我都能背下来了，想不成为他的粉丝都难”。有受访者指出她喜欢主播形象地表达他们的观点，例如“这款面膜用完之后会像刚剥壳的鸡蛋一样吹弹可破，让你皮肤白皙透亮”。综上所述，在整理相关访谈内容后将这类内容归纳为重复深度、重复广度、比喻语言三个主题，部分访谈数据见表4-3。

表4-3　认知说服变量访谈主要结果示例

编号	主题	主要观点	访谈记录举例
34	重复广度	重复内容过多容易引发观众反感情绪	我常看一些新主播直播的时候来来回回就那么几句话，我也想给他点个关注支持一下他，但是实在不怎么吸引我。开播前还是多接受一些专业训练吧，毕竟现在直播门槛太低了，但是观众的要求越来越高了。
20	重复深度	对重点内容的重复强调可以加深观众印象	某某的“所有妹妹，买它买它买它”时常在我看完他直播后都还在我耳畔回响。
11	重复深度	过度强调不利于吸粉，因为会引发观众的厌烦情绪	我经常看一个带货主播卖包，已经关注有三四年了，但是我发现她最近直播技术好像不增反减，每次搞活动两分钟就要重复一次优惠内容，也不怎么介绍包了，感觉本末倒置，后来我直接脱粉，取消了关注。
15	比喻语言	擅用一些比喻语言的主播不仅能增加直播的趣味性，还能提升观众好感	现在的直播也很卷，各类主播都拼命地想形成自己的特色，抢流量，吸粉，然后变现。有些主播特别懂说话艺术，话里有话，让人看了他直播后还回味无穷，自然就关注他了。
27	比喻语言	干瘪的话语对于观众没有吸引力，对主播来说也没有竞争力	我发现现在的主播水平参差不齐。我有时会刷到一些粉丝数很少的主播，听他们说话真的很无趣，像机器一样，感觉脚本也没有提前制定，这样怎么竞争得过其他会说话的主播呢？

4.2.3　技巧说服变量

整理访谈内容发现，多数受访者会关注主播直播时的行为特征。例如，有受访者表示主播的身体姿态会影响他的观看体验，“我不喜欢有很多主播的直播间，他们会影响我观看的感受”。更有受访者直接表示“有一些主播说着话突然凑近镜头，显得头特别大，一般我就不看了”。部分受访者还提出了关于主播头部朝向的一些见解，如“我看弹幕经常会有人评价主播爱点头，动作不雅观，特别是一些吃播的直播。我倒觉得点头是对食物味道的肯定，我反而愿意看”。还有很多受访者对主播的声音特征提出了见解，例如，“专业主播应该流利地表达他的观点，吞吞吐吐或是磕磕巴巴的主播让人感觉不专业”。此外，还有受访者表示主播说话语速也会影响他的观看体验。“有些主播可能因为非常熟悉业务了，所以说话特别快，我如果第一次看他的直播都听不清楚他说的什么，一般这种情况我是不会点关注的”。还有很多受访者表示，主播声音响度会影响他们的观看体验。“有时候切换直播间，有些主播说话声音非常大，如果在公共场合我会觉得很尴尬”。很多受访者都一致表示“主播音量适中较为舒服”。综上所述，在整理访谈内容后将这类受访者观点归纳为身体前倾、头部朝向、流畅程度、声音语速、声音响度五个主题，部分访谈数据见表4—4。

表4—4　技巧说服变量访谈主要结果示例

编号	主题	主要观点	访谈记录举例
35	身体前倾	适当的身体姿态变换会提升主播的视觉吸引力，特别是在展示商品的时候	我看带货直播的时候，那些主播试衣服经常都会360度展示，然后很多主播会把称体凑近镜头展示给我们看，我能看清楚材质，然后下单，她带货也放心。
37	身体前倾	过多或频繁的身体动作对于吸引观众注意会起到适得其反的作用	我不喜欢画面里有很多人的直播间，试衣服还要助手给她换，还要有助手举价格牌，让我觉得画面好乱，还是一个主播展示画面更好。
22	头部朝向	适度点头有助于传递信息，提升观众对直播内容的真实性感知	我特别喜欢看吃播的直播，有些主播真的很喜欢点头以表示食物好吃。我看有些弹幕就会故意挑刺，说主播老是点头。我反而挺喜欢，她点头的时候我仿佛也吃到了那个美味的蛋糕一样。我每天晚上都会看，是吃播主播的忠实粉丝。
13	头部朝向	频繁点头会引发观众厌恶感，降低专业性感知	我不喜欢主播有太多多余的肢体动作，尤其是有些主播摇头晃脑的，感觉没有经过专业培训，很紧张的样子，我从不关注这类主播。
7	流畅程度	主播作为直播活动的主持人也应具备一些基本素养，例如说话流利	我观察那些头部主播，他们每天都开播，已经播了成千上万场，对于自己的直播脚本都很熟悉，临场应变能力也很强，说话自然也很流利，不会结巴，就算出错了也能马上纠正，给观众的沉浸式体验很好，我会关注这类主播。
31	流畅程度	说话不太流利的主播反而有新手光环，会吸引部分粉丝	我看直播比较少，大数据给我推送的很多主播感觉都是新手，他们说话有时会磕巴，我反而还觉得挺真实的，愿意支持他们。因为头部主播抢占太多流量，新手主播的市场太小了。

续表

编号	主题	主要观点	访谈记录举例
30	声音语速	稍快的语速能提升粉丝对主播的主导性感知	大主播的直播节奏都很快，他们每场要卖的货很多，直播时间又有限，因此他们说话很快，稍不注意就抢不到商品。
28	声音语速	语速适中有助于提升主播和观众之间的互动性	我一般不追年轻主播的直播，他们说话太快了，粉丝下手也很快，我经常反应不过来。我关注的主播一般语速都比较正常，吐字清楚，我能跟上节奏。
15	声音响度	主播适中的声音响度能带来更好的观看体验	有些主播声音真的很大，特别是在倒计时的时候，有些直播间还好几个人一起吼，突然听到会觉得很烦，我觉得音量适中即可，又不是表演，不用那么卖力吼。

综上所述，通过整理受访者关于主播吸粉效果的访谈内容发现，12 个自变量和受访者所提到吸粉因素紧密相关。

4.3 说服力的中介作用

对于说服力的中介检验分析同样有三个步骤：第一，确定主题。通过前一小节数据的分析已经验证了 12 个吸粉效果影响因素，它们将作为本小节中介机制分析的一级主题。第二，初步记录。对应已知主题，研究者对访谈中有关主题的相关内容进行记录。第三，整理提炼。将说服力提炼为文本、声音、图像三个方面。

4.3.1 文本说服力

在整理访谈材料时发现，受访者常将直播脚本与说服力联系起来。例如，有受访者指出，“主播积极的语言表达会吸引我，比如有些主播常说‘点点关注好运常来’之类的话，我会毫不犹豫地点一波关注”。此外，重复强调技巧的使用也是受访者频繁提到的话题。但如果重复太多内容，可能吸粉效果会适得其反。有受访者表示，“有些主播可能学习得不够专业，他们想学一些头部主播的术语，但是说来说去好像就那么几句话，重复太多无关紧要的内容让我觉得他很不专业，自然也就不会关注了”。主播使用比喻语言也得到了受访者的关注。他们表示，“有吸引力的主播的直播都很有趣，他们常打一些比方或者说一些暗喻的话，看他的直播不会无趣，要是他们一天不播还会觉得不习惯”。综上所述，将受访者关于主播语言情感、比喻语言、重复广度、重复深度对于说服效果的访谈结果聚合为文本说服力。

4.3.2 声音说服力

主播声音方面的说服效果也是受访者常提到的话题。其中，音高、响度、语速和流畅性提及频率最高。有受访者表示，“我知道主播不可能像专业主持人那样在声音特征的方方面面都很合适，但至少在音高、音量和语速方面应该适中，不然观众很容易一听到其声音就划走”。还有受访者表示，“我不太喜欢语速很快的主播，我知道对于主播来说时间也很宝贵，他们要在有限的时间内尽可能地转化流量，但是语速太快真的容易跟不上节奏，给人一种紧张感，反而我会脱粉这类主播”。与此相反，较为年轻的受访者表示，“有时候我看到说话太慢的主播我恨不得按下2倍速，可惜直播不能加速，我不会关注说话太慢的主播，其对我来说没有吸引力”。对于声音响度而言，大部分受访者都保持了一致意见，他们都认为，“主播说话声音不宜过大，否则会让人感觉很不舒服，也不会信任此类主播”。对流利性的评价也是如此，大部分受访者都表示，“专业主播应该有较为成熟的口播技巧，要流利地表达观点或输出直播内容，如若出现口误也应该巧妙化解，不然不易建立信任感，对观众的吸引力和说服力会大打折扣”。综上所述，将受访者关于主播声音音高、声音响度、流畅程度、声音语速对于说服效果的访谈结果聚合为声音说服力。

4.3.3 图像说服力

大部分受访者都表达了视觉层面感知到的主播说服力。除了声音信息的接收与处理外，观众第一眼看到的图像信息也会对说服力感知产生重要影响，这类图像信息通常包括面部表情、眼神注视、身体前倾、头部朝向。首先，大部分受访者都提到了主播的面部表情，有些表示，“我肯定会关注那些每天都笑嘻嘻的主播，他们给我们传递了正能量，看到了我心情也会好”；有一些则表示，“我不太喜欢那种一直都很谄媚地笑的主播，他们让我感觉有一种故意讨好的感觉。所以这类主播说点点关注的时候我通常都不会关注”。有一些受访者对主播的身体姿态也提出了见解，他们表示，“很多带货主播，特别是卖衣服的主播会有一些身体动作，有时候他们为了给观众近距离地展示衣服细节会离镜头更近一些，我觉得挺好的，通过拉近与观众的视觉物理距离增加了观众对他们的信任，观众也愿意成为他们的粉丝，购买他们家产品”。还有受访者提到了主播的头部朝向，他们指出，“适当地点头或者摇头会给观众一些暗示，也不会让主播看起来太过于机械化”。除了以上三方面，受访者还提到了眼神注视，他们大多表明，“在发送弹幕跟主播互动的时候希望通过主播的眼神进行交流，虽然隔着屏幕，但是也能感受到互动感，由此拉近心理距离，主播说话的时候也感觉更真诚、更有说服力”。综上所述，将受访者关于主播面部表情、眼神注视、身体前倾、头部朝向对于说服效果的访谈结果抽象为声音说服力。

值得注意的是，还有受访者明确表示了文本、声音、图像的融合对说服力的影响。在直播中，观众同时接收主播传递的直播脚本、声音特征、动作姿态信息，每一方面都不是独立存在的，各方面的协调表现会影响说服力。首先，有受访者提到了文本与声音的融合。有些指出，“我会关注那些说话流利，内容又有趣的主播，显得专业又有吸引力”。有些则指出，“我感觉现在大部分主播卖货的脚本内容都差不多，例如‘卡码拍大一码’，起初我还不明白卡码的意思，后来听一个主播很大声地重复了很多遍就懂了，这样的主播对我来说太乏味了，没有说服力”。其次，有受访者提到了文本和图像的融合。例如，有受访者表示，“如果主播身体向我靠近，眼睛看着我真诚地说‘加入我的粉丝团吧’，我会被打动，成为他的粉丝”。还有受访者表示，“有些主播的直播内容蛮有趣的，他会讲一些当下流行的话题吸引我，然后还会搭配一些肢体动作，让我感觉挺有说服力的”。最后，更多的受访者提到了声音和图像的融合。有些说道，“现在好多主播的直播套路都相似，编一些卖惨的故事以博得关注，这种情况我更看重我的听觉和视觉感受，如果他声音听起来还算舒服，动作姿态等也比较协调的话，我会愿意关注”。还有受访者说道，“声音和动作表现是我最看重的，尤其是声音，因为我经常开着直播就做其他的事，时不时瞄一眼，如果声音音量、音高适中，整体的画面都和谐的话，我可能会整晚都停留在这个直播间”。综上所述，文本、声音、图像的融合会对说服力产生影响，访谈结果显示，受访者更关注声音与图像的融合。

4.4 本章小结

本章利用定性访谈，对第 3 章基于说服知识推导的 12 个自变量和 1 个中介变量进行验证，具体如下：

第一，12 个吸粉效果影响变量的访谈结果。经过语音转录—初步记录—整理提炼三步，将受访者关于吸粉效果的访谈内容提炼为语言情感、比喻语言、身体前倾、声音响度、面部表情、眼神注视、头部朝向、重复广度、重复深度、声音音高、流畅程度、声音语速12个影响因素，用定性研究的方法从观众视角验证了12个自变量，加强了内容效度。

第二，中介变量说服力的访谈结果。经过确定主题—初步记录—整理提炼三步，将受访者对于主播说服力的访谈结果提炼为文本说服力、声音说服力、图像说服力三个方面，再次验证了说服力在主播吸粉过程中的中介作用。定性访谈方法从观众心理探索，通过关注受访者的主观体验、感受和观点，获取观众对于主播吸粉的重要信息，在数据收集的广度和深度上进一步拓展了范围，为后续的定量研究提出定义和思路。

5 研究2：机器学习与计量模型

本章采用机器学习（极限梯度提升［XGboost］+ SHAPley Additive exPlanations［SHAP］）和计量模型分别检验12个变量的重要性和显著性。

第一，机器学习。XGBoost和SHAP搭配，是比较经典的机器学习参数估计方法（Chehreh Chelgani et al.，2021；Parsa et al.，2020）。XGBoost用于建模，SHAP用于分析XGBoost结果，可以将12个变量交互效应全部分摊到12个变量各自的主效应上，以评估12个变量对吸粉效果的绝对和相对影响，使得主效应系数估计更加准确。结果显示，12个变量均与因变量粉丝增量之间存在相关关系，技巧说服变量重要程度最强。

第二，计量模型。计量模型是营销分析的常用方法，使用计量模型分析既遵循营销定量分析惯例，又能佐证机器学习结果。结果显示，12个变量都显著。语言情感、比喻语言、眼神注视、重复深度、声音音高、流畅程度、声音语速显著正向影响吸粉效果，说明主播以积极情感表达比喻语言，对重点信息流利地进行强调，再加之语速较快、音高较高、眼神注视较多会吸引粉丝。反之，身体前倾、声音响度、面部表情、头部朝向、重复广度显著负向影响吸粉效果，说明当主播表现出过度的身体前倾和头部朝向，音量较大地重复过多内容且面部表情过于积极时反而不利于吸粉。

两组分析对比的实证结果一致，证明假设检验结果具有稳健性。

5.1 数据背景

本书数据来自中国某短视频社交平台，其在全国直播产业中占据相当大的市场份额（艾瑞咨询，2023）。在其直播机制下，主播通过镜头与观众互动，使用文本话术、声音特征和视觉动作与观众建立关系，影响观众感知，进而改变观众行为。

通过以下五个步骤进行数据处理。第一，从直播数据集的26个类别中随机选择 260 个有影响力的主播。将每个类别的主播数量限制为最多 100 个，从每个主播处获得的视频最多为 10 个，以提供多样化的主播集合。第二，使用箱线图方法，用于排除头部和尾部主播，因为前者通常被认为具有更高的来源可信度（Tabor，2020），而后者几乎没有影响力。第三，只保留工作日 9：00—18：00 时间段的样本数据，以保持在工作时间上的同质性。第四，剔除没有主播或出现多个主播的视频以确保每个直播视频都是一个独白。第五，排除没有声音或声音持续时间很短的视频，以保证每个视频都有足够的音频数据，并消除异常音频的影响。通过以上五个步骤，得到了一个包含 2297 个有效视频的数据集，总时长为 5358.4 分钟，累计 196.67GB。

5.2 变量说明

本节从因变量（粉丝增量）、自变量（共计 12 个，情感说服变量：语言情感、面部表情、眼神注视、声音音高。认知说服变量：重复广度、重复深度、比喻语言。技巧说服变量：身体前倾、头部朝向、流畅程度、声音语速、声音响度）以及控制变量（“人”：历史粉丝数、观看数、颜值得分、移动幅度、年龄、性别。“货”：产品类别、产品价格、产品数量。“场”：清晰度、暖色调、亮度）三方面对变量的定义以及测量进行说明。相关变量概览见表 5—1。

表 5—1　变量概览

类别	变量类别	变量名	数据类型			
			结构化	文本	声音	图像
结构化数据	因变量	粉丝增量（Follower Increment）	√			
	控制变量	历史粉丝数（Follower Amount）	√			
		观看数（Viewer Amount）	√			
		年龄（Age）	√			
		性别（Gender）	√			
		产品类别（Product Type）	√			
		产品价格（Product Price）	√			
		产品数量（Product Amount）	√			

续表

类别	变量类别	变量名	数据类型			
			结构化	文本	声音	图像
非结构化数据	自变量	语言情感（Language Emotion）		√		
		面部表情（Facial Emotion）				√
		眼神注视（Eye Gaze）				√
		声音音高（Pitch）			√	
		重复广度（Repetition Width）		√		
		重复深度（Repetition Depth）		√		
		比喻语言（Figuration Language）		√		
		身体前倾（Forward Lean）				√
		头部朝向（Head Motion）				√
		流畅程度（Energy Entropy）			√	
		声音语速（Speech Rate）			√	
		声音响度（Loudness）			√	
	控制变量	清晰度（Clarity）				√
		暖色调（Warm hue）				√
		亮度（Brightness）				√
		颜值得分（Beauty Score）				√
		移动幅度（Magnitude）				√

5.2.1 因变量

本书关注吸粉效果，因为粉丝量是主播实现流量变现，在激烈的直播竞争环境中取得持续发展力的基础（Tang & Chen，2020）。在具体指标方面，采用粉丝增量评价吸粉效果。

粉丝增量，定义为主播直播过程中新增关注者的数量，来源于官方数据。

5.2.2 自变量

自变量涉及说服知识的三个维度（情感、认知、技巧），基于文本数据的变量调用阿里云 API 接口测量，基于声音数据的变量采用 COVAREP、pyAudioAnalysis、Praat－Parselmouth 测量，基于图像数据的变量采用 OpenFace2.0 测量，共计获得 12 个变量。

1. 情感说服变量

情感说服变量包括语言情感、面部表情、眼神注视和声音音高。具体如下：

语言情感：直播过程中主播积极的语言情感表达。通过一个无监督概率模型计算，该模型使用单词的向量表示来预测情绪注释或单词出现的上下文，利用标记文档来改进模型的单词表示，最终得到主播语言情感为积极的概率值（取值范围：0～1）。

面部表情：指主播面部呈现高兴表情的概率值（取值范围：0～1），通过检测面部 17 个动作单元的强度和存在感来识别面部表情，能够获取面部表情 7 类情绪的概率值。

眼神注视：通过计算眼部 28 个点位上下左右的运动变化系数构建。使用检测到的瞳孔和眼睛位置，分别为每只眼睛计算眼睛凝视向量，由此提供 3D 摄像机坐标中的瞳孔位置。从 3D 眼球中心到瞳孔位置的向量即所估计的凝视向量。

声音音高：使用基频（Fundamental frequency，F_0）均值衡量。F_0 是音高的主要声学相关因子，主要受声带振动频率的影响，用来表示语音信号的周期性。

2. 认知说服变量

认知说服变量包括重复深度、重复广度和比喻语言。具体如下：

重复广度：通过计算句子中重复的词向量，包括重复关键词或短语。

重复深度：指重复词向量的重复次数。

比喻语言：统计比喻语言出现次数，收集主播直播文本中的“像”“比如”等打比方的词向量，并累计次数。

3. 技巧说服变量

技巧说服变量包括身体前倾、头部朝向、流畅程度、声音语速和声音响度。具体如下：

身体前倾：测量主播头部距离镜头的距离。

头部朝向：指代主播的头部运动幅度，通过测量的头部 68 个点位的偏移量来计算。

流畅程度：用能量熵衡量，它是一帧语音信号中能量变化的程度，描述了信号的时域分布。

声音语速：描述主播的说话语速，通过记录主播每秒说话字数而得。

声音响度：通过提取音强（intensity）以客观度量响度，单位为分贝(dB)。

5.2.3 控制变量

控制变量根据“人”“货”“场”分为三类。一类为与“人”相关的主播特征，包含历史粉丝数、观看数、颜值得分、移动幅度、年龄、性别；二类为与“货”相关的产品特征，包含产品类别、产品价格、产品数量；三类为与“场”相关的直播间特征，包含清晰度、亮度、暖色调。具体如下：

历史粉丝数：主播所拥有的历史粉丝数，来源于官方数据。

观看数：本场直播在线观看人数，来源于官方数据。

颜值得分：主播的颜值得分，通过识别人脸 83 个关键点信息，根据脸型、眼型和唇形的关键点信息计算得出颜值得分。

移动幅度：该段直播视频中，主播整体呈现出的移动强度值。使用稠密光流（Dense Optical Flow）获取（Farnebäck，2003），通过分析直播视频截图前后两张图像中身体位置获取移动矢量大小，使用 29 个移动强度值（第一张图像作为运动起点）的均值作为移动幅度值（廖成成，2022）。

年龄：主播的年龄，来源于官方数据。

性别：主播的性别，来源于官方数据。

产品类别：产品所属的类别，根据是否属于旗舰店划分为两类。一类为有品牌背书的旗舰店产品，标记为 1；一类为没有品牌背书的非旗舰店产品，标记为 0。

产品价格：直播中在售的产品均价，单位元，来源于官方数据。

产品数量：直播中在售的产品数量，单位个，来源于官方数据。

清晰度：测量颜色的色调强度。在 0～1 的范围内测量像素饱和度，去除饱和度为 0 的像素部分得到 S，所有像素的平均值即为饱和度，保留饱和度为 0.7～1.0 的像素部分即为清晰度。饱和度计算公式如下：

$$Saturation = \frac{S}{len(S)} \tag{5-1}$$

亮度：测量像素强度。计算公式如下：

$$L = 0.30R + 0.59G + 0.11B \tag{5-2}$$

暖色调：测量图像的暖度，由暖色调（如黄色）与冷色调（如绿色）的相对比例定义，计算在色调光谱上的冷范围之外的像素色调（Wang et al., 2013）。如果一个图像包含更多的暖色调，如黄色和橙色，它将有更大的暖色调值。去除饱和度为0的像素部分得到 H ，所有像素的平均值即为色调，计算公式如下：

$$Hue = \frac{H}{len(H)} \tag{5-3}$$

所有变量概述及描述性统计详见表5−2。

表5−2　变量汇总

变量	定义	Mean	SD	Min	Max
因变量					
粉丝增量	直播期间新增粉丝数	21.72000	40.73800	1.00000	657.00000
情感说服变量					
语言情感	通过无监督概率模型计算语言文本的正向情感表达	0.97000	0.71600	0.21100	0.99900
面部表情	面部积极情感表达，通过检测面部17个动作单位的存在和强度测量	0.08700	0.15600	0.00100	0.99900
眼神注视	计算眼部28个点位注视从左到右、从上到下的运动变化系数	0.35100	0.15600	0.00100	0.96900
声音音高	采用基频（F_0）衡量，通常代表感知的声音频率	277.50000	33.86400	138.60000	409.60000
认知说服变量					
重复广度	通过收集句子中重复的词向量，包括重复关键词或短语来测量	5.74300	3.88700	0.00000	21.00000
重复深度	重复内容的重复次数	15.38000	11.17000	0.00000	98.00000
比喻语言	通过收集诸如“像”和“比如”等词向量次数	0.37700	0.74420	0.00000	8.00000
技巧说服变量					
身体前倾	主播头部和镜头的距离	1177.90000	425.84500	373.80000	4398.300
头部朝向	头部运动幅度	338.61000	3686.43700	0.08000	176405.63000
流畅程度	采用能量熵衡量，指一组子帧的归一化谱能的熵	3.05100	0.08400	2.84100	3.22100

续表

变量	定义	Mean	SD	Min	Max
声音语速	采用每秒说话字数衡量	313.00000	34.55100	175.40000	417.70000
声音响度	由音强（intensity）测量	70.59000	5.04100	42.70000	84.23000
控制变量					
历史粉丝数	主播历史粉丝数	2229060	2866919	9426	12678221
观看数	直播在线观看人数	965.30000	975.98000	101.00000	14802.00000
颜值得分	主播颜值得分	74.22000	6.17500	47.82000	90.94000
移动幅度	主播整体呈现出的移动强度值	12.49900	5.39900	0.36400	37.00000
年龄	主播年龄	25.12000	4.05700	18.00000	52.50000
性别	女性标记为0，男性标记为1	/	/	/	/
产品类别	旗舰店产品标记为1，非旗舰店为0	/	/	/	/
产品价格	直播中在售商品均价	304.99000	22.80800	17562.45000	513.18600
产品数量	直播中在售商品数量	65.69000	1.00000	503.00000	38.98400
清晰度	图片颜色的色调强度	565.03000	558.66900	47.06000	4377.95000
亮度	图片像素强度	144.08000	24.38900	71.95000	224.58000
暖色调	图片的暖度	10.88600	21.98100	0.07100	249.77500

5.3 XGBoost 预测模型

使用 XGBoost 算法，以粉丝增量为预测变量，采用 10 折交叉支持进行自动化超参数调优，80%的随机样本作为训练集，剩余 20%的随机样本作为测试集。构建有监督的 XGBoost 预测模型。模型评估显示：①模型预测精准度高；②纳入三种说服知识的影响因素，有助于提升模型精准度。XGBoost 预测模型和相关分析均使用 Python3.7 中的开源库（scikit-learn、XGBoost 和 SHAP）在 PyCharm 中运行。

5.3.1 模型建立

极限梯度提升（eXtreme Gradient Boosting，XGBoost）由 Chen & Guestrin（2016）提出，是一个可扩展的回归树提升机器学习系统。该系统的影响已在许多机器学习和数据挖掘挑战中得到广泛认可，如机器学习比赛网站

Kaggle发布的29个挑战获奖方案中有17个使用了XGboost（Chen & Guestrin，2016）。目前，XGBoost已经广泛应用于各领域并提供了先进的预测结果，涉及商店销售预测、网络文本分类、客户行为预测、运动检测、广告点击率预测、恶意软件分类、产品分类等。

XGBoost是提升（boosting）算法的一种实现方式，它的本质是一个梯度提升决策树（Gradient Boosting Decision Tree，GBDT），由于力争把速度和效率发挥到极致，所以命名为X（eXtreme）GBoost。它的核心算法思想是通过不断地添加决策树，每添加一个决策树便学习一个新函数 $f_0(x)$ 去拟合上次预测的残差。预测样本分数时，根据样本特征在每棵树中会落到对应的一个叶子节点上，该叶子节点对应一个分数，最终只需将每棵树对应的分数加起来即为该样本的预测值。简言之，XGBoost需要将多棵树的得分累加得到最终的预测得分，其中每一次迭代都在现有树的基础上，增加一棵树去拟合前面树的预测结果与真实值之间的残差，预测公式如下：

$$\hat{y}_i^{(0)} = 0 \tag{5-4}$$

$$\hat{y}_i^{(1)} = f_0(x_i) = \hat{y}_i^{(0)} + f_1(x_i) \tag{5-5}$$

$$\hat{y}_i^{(2)} = f_1(x_i) + f_2(x_i) = \hat{y}_i^{(1)} + f_2(x_i) \tag{5-6}$$

$$\cdots$$

$$\hat{y}_i^{(t)} = \sum_{k=1}^{t} f_k(x_i) = \hat{y}_i^{(t-1)} + f_t(x_i) \tag{5-7}$$

其中，$\hat{y}_i^{(t)}$ 为第 t 次迭代后样本 i 的预测结果，$\hat{y}_i^{(t-1)}$ 为前 $t-1$ 棵树的预测结果，$f_t(x_i)$ 为第 t 棵树的模型。

综上所述，XGBoost算法不仅使用了一阶导数，还使用二阶导数使得损失更精确。此外，XGBoost考虑了训练数据为稀疏值的情况，可以为缺失值或指定的值制定分支的默认方向，大大提升算法效率。再者，XGBoost支持列抽样，不仅能降低过拟合，还能减少计算量。这些特性与本研究的数据背景比较契合。

使用XGBoost算法对吸粉进行建模，具体如下：

首先，参数调优。Chen & Guestrin（2016）指出，XGBoost预测模型可通过调整参数实现最大化模型性能，参数调优对于XGBoost防止过拟合很重要。由于本研究中对吸粉效果的预测属于监督学习，因此选用监督学习中调整参数的有效方法——网格搜索以获得模型最优性能，使用GridSearchCV来自动化超参数调优，其中“CV”代表“交叉支持”，在构建模型（考虑所有特征变量）时，采用10折交叉支持（Orlandic et al.，2021）。GridSearchCV可对估计器的指定参数值穷举搜索，使某些估计器更加有效。在本书中，交叉支持后的最佳 XGBoost 超参数值为 max _ depth=4，learning _ rate=0.05，n _ estimators=150，random _ state=16。采用上述最佳 XGBoost 超参数建立模型。

其次，模型构建。数据如5.1节所示，变量概述如下：首先，因变量，即该段直播内的新增粉丝数。其次，自变量。①情感说服变量，分别是语言情感、比喻语言、身体前倾；②认知说服变量，分别是声音响度、面部表情、头部朝向、眼神注视；③技巧说服变量，分别是重复广度、重复深度、声音音高、流畅程度、声音语速。最后，控制变量。直播中三要素“人”“货”“场”：①人：一是主播个人特征，包含历史粉丝数、观看数、颜值得分、移动幅度；二是人口统计学特征，包含年龄、性别。②货：产品特征，包含产品类别、产品价格、产品数量。③场：直播间特征，包含清晰度、亮度、暖色调。

采用80%的随机样本作为训练集，剩余20%样本作为测试集，针对粉丝增量建立5个模型，即Model1（基准模型，仅包含控制变量）、Model2（只包含情感说服变量）、Model3（只包含认知说服变量）、Model4（只包含技巧说服变量）、Model5（包含三种说服变量和控制变量）。

5.3.2 结果分析

在预测粉丝增量的模型中，XGBoost 模型 Model1 在测试集上的预测准确率为 MSE：0.0001355，RMSE：0.0116397。Model2 在测试集上的预测准确率为 MSE：0.0001300，RMSE：0.0114037。Model3 在测试集上的预测准确率为 MSE：0.0001357，RMSE：0.0116496。Model4 在测试集上的预测准确率为 MSE：0.0001241，RMSE：0.0111412。Model5 在测试集上的预测准确率为 MSE：0.0001173，RMSE：0.0108315。整体表现出良好的模型性能，特别地，Model5 中加入三种说服知识吸粉变量后，较 Model1、Model2、Model3、Model4 的精准度有所提升。

5.4 SHAP 模型

通过建立 SHAP 模型，对 XGBoost 模型进行参数解释，有三点发现，概要如下：

5.4.1 模型建立

SHAP（SHAPley Additive exPlanations）是一种基于可加性特征解释方

法（additive feature attribution methods）的框架，由博弈论中的 Shapley 值引申而来（Shapley，1953）。它旨在为多个因素集体达到某种结果时公平分配每个因素的贡献，提供了一种理论上合理的方法在集合成员之间分配集合产出（Lundberg & Lee，2017）。Shapley 值用于机器学习中以量化模型中共同提供预测效果的每个特征的贡献（Strumbelj & Kononenko，2014）。在本研究中，集合是一组可解释的模型输入特征值（例如三种说服变量），而集合的输出是模型对给定输入值所做的预测（例如粉丝增量）的值。

每个特征值的重要性定义为特征被观察到的与未知模型输出期望值间的差值（Lundberg & Lee，2017；Štrumbelj & Kononenko，2014）。不同的特征值对预测有不同的影响。解释预测 $f(x)$ 的 Shapley 值 $\varphi_j(f,x)$ 是 x 中各种特征之间的信用分配（例如三种知识结构吸粉变量），并且这种唯一的分配遵循两个重要属性：局部准确性和一致性（Lundberg & Lee，2017）。对于某个特定的预测，$\varphi_j(f,x)$ 是一个单独的数值，表示在给定输入 x 时，特征 j 对模型 f 预测的影响。给定一个特定的预测 $f(x)$，可以使用一个加权和来计算 Shapley 值，该值表示添加到模型中的每个特征的影响，对所有可能的引入特征顺序进行平均，公式表达如下：

$$\varphi_j(f,x) = \sum_{S \subseteq S_{all/\{j\}}} \frac{|S|!(M-|S|-1)!}{M!}[f_x(S \cup \{j\}) - f_x(S)] \tag{5-8}$$

其中，$f_x(S)=E[f(x)|xS]$，xS 为输入向量的子集，只有集合 S 中的特征。实际上，在这个求和中有太多的项无法求值，所以可以使用抽样过程来近似它。具体遵循 Lundberg et al.（2018）最近的一个开放实现方法，实现了 Shapley 值计算更高的效率，保持了与人类直觉更高的一致性。

使用 Python 中 SHAP 模块的"TreeExplainer"函数解释 XGBoost 预测模型，具体对每一个样本的每一个特征变量计算出重要性值，以达解释效果。为了使结果更清晰，采用密度散点图展示所有变量对整个数据集的影响。根据所有样本的 Shapley 值之和对变量进行排序以确定每个变量如何驱动模型的预测。与小提琴图类似，散点垂直堆积以显示密度，每个点的颜色取决于该变量的值（例如，变量值越大颜色越红，变量值越小颜色越蓝）。

5.4.2 结果分析

基于 SHAP 值的粉丝增量 XGBoost 预测模型（Model1、Model2、Model3、Model4、Model5）结果如表 5－3 所示。基于 SHAP 的绝对影响和

相对影响有两方面发现。首先是绝对影响，三类知识结构变量对粉丝增量都有贡献，即 12 个吸粉变量与粉丝增量具有相关关系。其次是相对影响。

表 5-3 基于 SHAP 值的变量重要性

因变量：粉丝增量					
	Model1	Model2	Model3	Model4	Model5
情感说服变量					
语言情感	×	0.00031	×	×	0.00027
面部表情	×	0.00009	×	×	0.00007
眼神注视	×	0.00084	×	×	0.00059
声音音高	×	0.00302	×	×	0.00209
认知说服变量					
重复广度	×	×	0.00010	×	0.00022
重复深度	×	×	0.00007	×	0.00006
比喻语言	×	×	0.00006	×	0.00004
技巧说服变量					
身体前倾	×	×	×	0.00042	0.00065
头部朝向	×	×	×	0.00028	0.00030
流畅程度	×	×	×	0.00098	0.00104
声音语速	×	×	×	0.00046	0.00045
声音响度	×	×	×	0.00162	0.00133
控制变量					
清晰度	Y	Y	Y	Y	Y
亮度	Y	Y	Y	Y	Y
暖色调	Y	Y	Y	Y	Y
历史粉丝数	Y	Y	Y	Y	Y
观看数	Y	Y	Y	Y	Y
颜值得分	Y	Y	Y	Y	Y
移动幅度	Y	Y	Y	Y	Y
产品类别	Y	Y	Y	Y	Y
产品价格	Y	Y	Y	Y	Y

续表

因变量：粉丝增量					
	Model1	Model2	Model3	Model4	Model5
产品数量	Y	Y	Y	Y	Y
年龄	Y	Y	Y	Y	Y
性别	Y	Y	Y	Y	Y
样本量	2297	2297	2297	2297	2297
MSE	0.00014	0.00013	0.00014	0.00012	0.00012
RMSE	0.01164	0.01140	0.01165	0.01114	0.01083

1. 绝对影响

图 5－1 是粉丝增量预测模型 Model5 的变量重要性图谱，展示了变量对粉丝增量的绝对影响，由上向下重要性依次减弱。从图中可以看出主播历史粉丝数对粉丝增量预测来说是最重要的变量，其次是声音音高、声音响度。接下来是暖色调、亮度、流畅程度、产品价格、产品数量、身体前倾、移动幅度、眼神注视、观看数、声音语速、头部朝向、语言情感、颜值得分、年龄、清晰度、面部表情、重复深度、比喻语言、重复广度、产品类别、性别。可知，12 个吸粉变量对粉丝增量预测具有贡献，也就是 12 个吸粉变量均与粉丝增量具有相关关系。值得注意的是，重要性排名前 10 因素中，声音变量有 3 个，图像变量有 1 个，没有文本变量。其中，声音音高排名第二，声音响度排名第三，流畅程度排名第六，身体前倾排名第九。这说明，在吸粉方面，与主播的直播脚本相比，声音特征和动作姿态更为重要。

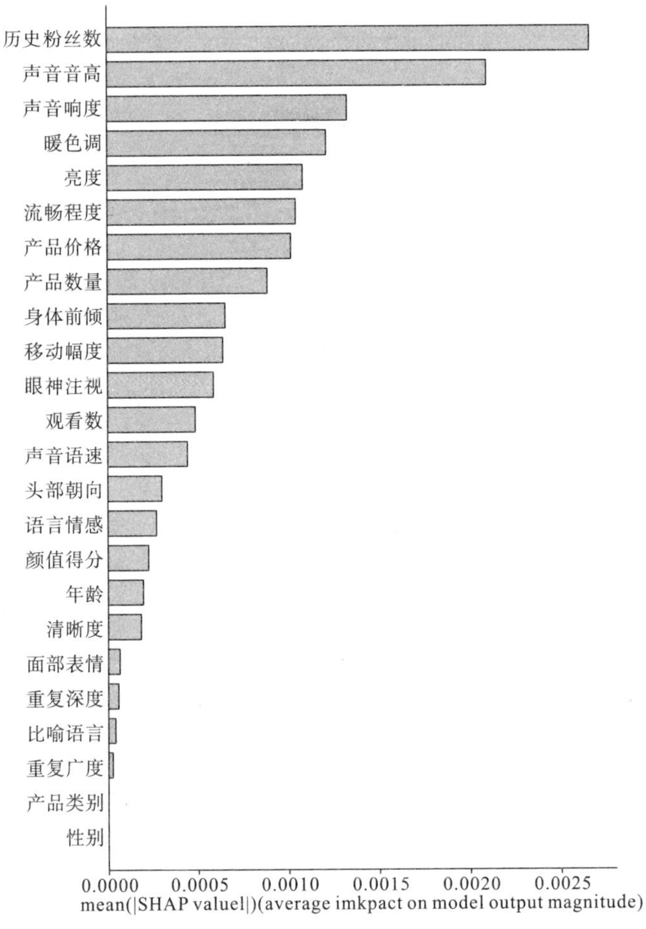

图 5-1　变量的 SHAP 值排序

2. 相对影响

在 SHAP 框架下，该 XGBoost 粉丝增量预测模型 Model5 中变量的相对影响如图 5-2 所示。该图左侧显示各个变量的名称，变量名称右边对应的是各个变量映射到 SHAP 值后的取值范围和大小，即横轴为 SHAP 值。其中每一个点表示一个样本（直播信息），X 轴表示的是样本按 SHAP 值大小的排序结果，Y 轴表示的是变量按 SHAP 值大小的排序结果。

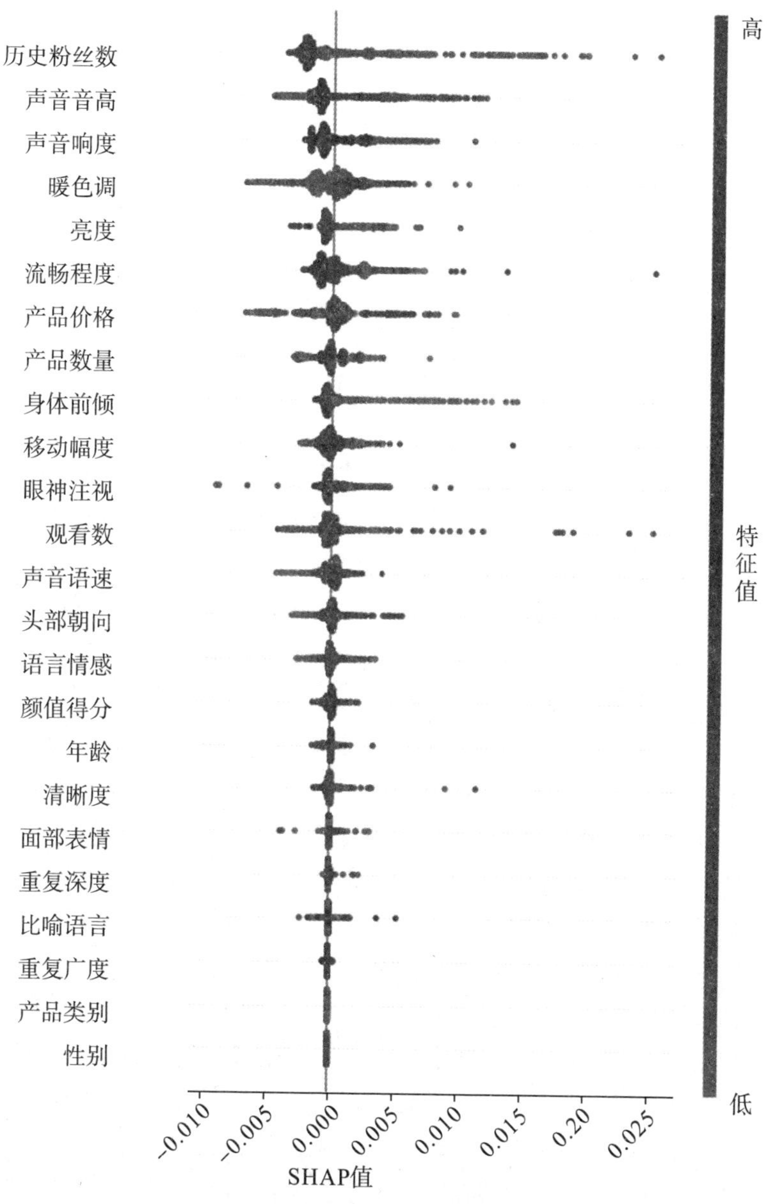

图 5-2　变量的 SHAP 值排序

从表 5-3 及图 5-2 可以发现 12 个变量对粉丝增量的影响存在异质性，具有场景化，具体如下：

第一，声音音高。在 12 个自变量中重要性排序第 1 位，SHAP 值为 0.00209。由图 5-2 可知，当声音音高值较大时，声音音高对粉丝增量预测值的影响（SHAP 值）有正有负，存在异质性，且正值更多。当声音音高值较小时，声音音高对粉丝增量预测值的影响（SHAP 值）基本为负值，且多集中于 0 值。总的来说，声音音高对粉丝增量预测值可能呈现出正向效果，即声音音高越高，粉丝增量越多。

第二，声音响度。在 12 个自变量中重要性排序第 2 位，SHAP 值为 0.00133。由图 5-2 可知，当声音响度值较大时，声音响度对粉丝增量预测值的影响（SHAP 值）有正有负，存在异质性，但正值较多。当声音响度值较小时，声音响度对粉丝增量预测值的影响（SHAP 值）有正有负，但负值较多。总的来说，声音响度对粉丝增量预测值可能呈现出正向效果，即声音响度越高，粉丝增量越多。

第三，流畅程度。在 12 个自变量中重要性排序第 3 位，SHAP 值为 0.00104。由图 5-2 可知，当流畅程度值较大时，流畅程度对粉丝增量预测值的影响（SHAP 值）有正有负，存在异质性，且多集中于 0。当流畅程度值较小时，流畅程度对粉丝增量预测值的影响（SHAP 值）有正有负，且正值相对更多。总的来说，流畅程度对粉丝增量预测值可能呈现出负向效果，即流畅程度越高，粉丝增量越少。

第四，身体前倾。在 12 个自变量中重要性排序第 4 位，SHAP 值为 0.00065。由图 5-2 可知，当身体前倾值较大时，身体前倾对粉丝增量预测值的影响（SHAP 值）有正有负，存在异质性，集中于 0 值的较多。当身体前倾值较小时，身体前倾对粉丝增量预测值的影响（SHAP 值）有正有负，也多分布于 0 值附近，且正值较多。总的来说，身体前倾对粉丝增量预测值可能呈现出负向效果，即身体前倾越多，粉丝增量越少。

第五，眼神注视。在 12 个自变量中重要性排序第 5 位，SHAP 值为 0.00059。由图 5-2 可知，当眼神注视值较大时，眼神注视对粉丝增量预测值的影响（SHAP 值）有正有负，但正值较多。当眼神注视值较小时，眼神注视对粉丝增量预测值的影响（SHAP 值）有正有负，多分布于 0 值附近。总的来说，眼神注视对粉丝增量预测值可能呈现出正向效果，即眼神注视越多，粉丝增量越多。

第六，声音语速。在 12 个自变量中重要性排序第 6 位，SHAP 值为 0.00044。由图 5-2 可知，当声音语速值较大时，声音语速对粉丝增量预测值的影响（SHAP 值）有正有负，存在异质性，但正值相对较多。当声音语速值较小时，声音语速对粉丝增量预测值的影响（SHAP 值）有正有负，但负值相对较多。总的来说，声音语速对粉丝增量预测值可能呈现出正向效果，即声音语速越快，粉丝增量越多。

第七，头部朝向。在 12 个自变量中重要性排序第 7 位，SHAP 值为 0.00030。由图 5-2 可知，当头部朝向值较大时，头部朝向对粉丝增量预测值的影响（SHAP 值）有正有负，存在异质性，但正值相对较多。当头部朝向值较小时，头部朝向对粉丝增量预测值的影响（SHAP 值）主要为负。总的来说，头部朝向对粉丝增量预测值可能呈现出正向效果，即头部朝向越多，粉丝增量越多。

第八，语言情感。在 12 个自变量中重要性排序第 8 位，SHAP 值为 0.00026。由图 5-2 可知，当语言情感值较大时，语言情感对粉丝增量预测值的影响（SHAP 值）有正有负，但正值相对较多。当语言情感值较小时，语言情感对粉丝增量预测值的影响（SHAP 值）有正有负，但负值相对较多。总的来说，语言情感对粉丝增量预测值可能呈现出正向效果，即语言情感越积极，粉丝增量越多。

第九，面部表情。在 12 个自变量中重要性排序第 9 位，SHAP 值为 0.00006。由图 5-2 可知，当面部表情值较大时，面部表情对粉丝增量预测值的影响（SHAP 值）主要为正。当面部表情值较小时，头部朝向对粉丝增量预测值的影响（SHAP 值）主要为负，且多集中于 0 值。总的来说，面部表情对粉丝增量预测值可能呈现出正向效果，即面部表情越积极，粉丝增量越多。

第十，重复深度。在 12 个自变量中重要性排序 10 位，SHAP 值为 0.00005。由图 5-2 可知，当重复深度值较大时，重复深度对粉丝增量预测值的影响（SHAP 值）正值更多。当重复深度值较小时，头部朝向对粉丝增量预测值的影响（SHAP 值）主要集中于 0 值。总的来说，重复深度对粉丝增量预测值可能呈现出正向效果，即重复深度越高，粉丝增量越多。

第十一，比喻语言。在 12 个自变量中重要性排序第 11 位，SHAP 值为 0.00004。由图 5-5 可知，当比喻语言值较大时，比喻语言对粉丝增量预测值的影响（SHAP 值）有正有负，存在异质性，但正值相对较多。当比喻语言值较小时，比喻语言对粉丝增量预测值的影响（SHAP 值）多集中于 0，但负值相对更多。总的来说，比喻语言对粉丝增量预测值可能呈现出正向效果，即比喻语言越多，粉丝增量越多。

第十二，重复广度。在 12 个变量中重要性排序第 12 位，SHAP 值为 0.00002。由图 5-5 可知，当重复广度值较大时，重复广度对粉丝增量预测值的影响（SHAP 值）有正有负，存在异质性，且多集中于 0。当重复广度值较小时，重复广度对粉丝增量预测值的影响（SHAP 值）有正有负，但负值相对更多。总的来说，重复广度对粉丝增量预测值可能呈现出正向效果，即重复广度越高，粉丝增量越多。

5.5 计量模型

基于 XGBoost 和 SHAP 的机器学习方法，估计出情感说服变量、认知说服变量、技巧说服变量对粉丝增量的绝对和相对关系。为遵循营销模型惯例，同时佐证机器学习实证结果，重新建立计量模型以再次支持三种说服知识变量对粉丝增量的影响。通过对比二者结果发现，计量模型的实证结果与机器学习结果完全一致，证明假设检验结果具有稳健性。

5.5.1 模型建立

泊松回归是一种广义线性模型（generalized linear model，GLiM）（Fahrmeir et al.，2001；Fox，2015；McCullagh，2019；Nelder & Wedderburn，1972；Ziegel，2002）。GLiM 扩展了最小二乘法（Ordinary Least Square，OLS），用于许多不同类型的误差结构和因变量。GLiM 分析系列可以为具有二进制、有序类别、计数因变量的数据集提供准确的估计结果。其中，泊松回归是一种适用于因变量为非负的计数数据的计量统计方法，它假设因变量 Y 符合泊松分布，并假设它期望值的对数可被未知参数的线性组合建模，又被称为对数-线性模型。在泊松回归中，观测变量为计数数据，预测变量为计数的自然对数，它的链接函数即为自然对数。不同于 OLS 的误差服从正态分布，它的误差需满足泊松分布。综上所述，泊松回归主要用于描述单位时间、单位面积或者单位容积内某事件发生的频数分布情况，对于描述平稳性、独立性、普遍性事件发生数的分布普遍适用。

经典泊松回归模型的假设是，在特定时间单位内的事件数量均值服从泊松分布 $n\lambda$，观测值 i 的概率 λ_i 与预测变量 X_i 的向量相关：

$$\ln(\lambda_i) = \ln(n_i) + X_i\boldsymbol{\beta} \tag{5-9}$$

其中，$\boldsymbol{\beta}$ 为待估计未知参数的向量，n_i 为风险时间，相当于概率分母。定量的 $\ln(n_i)$ 通常被称为模型的“偏移量”。X_i 为一系列的预测变量。

泊松回归具有可解释性强的优点，模型结果直接映射特征对结果变量的影响程度，便于理解。但泊松回归模型仍有一些不足，比如：①将单个预测因子变量与因变量关联，未考虑多个预测因子变量的交互影响；②预测因子越多，各预测因子之间的多重共线性或关联的可能性就越大；③与其他复杂模型相比，预测准确率不是很高。

以粉丝增量为因变量，三种说服知识吸粉变量为自变量，构建泊松回归模型如下：

$$
\begin{aligned}
FollowerIncrement_i = {} & \ln(n_i) + \beta_1 LanguageEmotion_i + \\
& \beta_2 FigurationLanguage_i + \beta_3 ForwardLean_i + \\
& \beta_4 Loudness_i + \beta_5 FacialEmotion_i + \\
& \beta_6 HeadMotion_i + \beta_7 EyeGaze_i + \\
& \beta_8 RepetitionWidth_i + \beta_9 RepetitionDepth_i + \\
& \beta_{10} Pitch_i + \beta_{11} EnergyEntropy_i + \\
& \beta_{12} SpeechRate_i + \beta_{13} Controls_i + \varepsilon \qquad (5-10)
\end{aligned}
$$

其中，各变量的定义如 5.2 节所述；$Controls_i$ 为控制变量集合，包括直播中“人”“货”“场”三方面的因素，涉及主播个人特征、主播人口统计学特征、产品特征、直播间特征；ε 表示误差项。

5.5.2 结果分析

三种说服知识吸粉变量对粉丝增量影响的泊松回归结果如表 5-4 所示。模型（1）～（3）检验了控制变量对粉丝增量的影响，模型（4）～（6）分别检验了每一种说服知识变量对粉丝增量的影响，模型（7）为三种说服知识变量和控制变量的全模型结果。

表 5-4 吸粉变量对粉丝增量影响的回归结果

	控制变量			单一说服变量			全模型
	(1)	(2)	(3)	(4)	(5)	(6)	(7)
情感说服变量							
语言情感	×	×	×	0.38075*** (0.09670)	×	×	0.37822*** (0.09691)
面部表情	×	×	×	−0.12688*** (0.03016)	×	×	−0.21558*** (0.03052)
眼神注视	×	×	×	0.23041*** (0.02039)	×	×	0.46024*** (0.03294)
声音音高	×	×	×	4.92890*** (0.10826)	×	×	4.61813*** (0.11297)
认知说服变量							
重复广度	×	×	×	×	−0.17486*** (0.01887)	×	−0.46560*** (0.04214)
重复深度	×	×	×	×	0.16209*** (0.01722)	×	0.45081*** (0.03659)
比喻语言	×	×	×	×	0.40506*** (0.03908)	×	0.12699*** (0.03981)
技巧说服变量							
身体前倾	×	×	×	×	×	−0.48811*** (0.06770)	−0.08187*** (0.06904)

续表

	控制变量			单一说服变量			全模型
	(1)	(2)	(3)	(4)	(5)	(6)	(7)
头部朝向	×	×	×	×	×	0.23610*** (0.01268)	−0.04283*** (0.01964)
流畅程度	×	×	×	×	×	17.87225*** (0.51447)	16.90683*** (0.52809)
声音语速	×	×	×	×	×	2.27082*** (0.10896)	1.93381*** (0.11231)
声音响度	×	×	×	×	×	−0.21217*** (0.04805)	−0.34702*** (0.05200)
控制变量							
历史粉丝数	−0.25073*** (0.01067)	−0.26594*** (0.01117)	−0.13463*** (0.01210)	−0.18393*** (0.01235)	−0.13334*** (0.01246)	−0.23914*** (0.01292)	−0.33045*** (0.01342)
观看数	2.55038*** (0.01212)	2.51590*** (0.01291)	2.55671*** (0.01324)	2.57501*** (0.01356)	2.55112*** (0.01377)	2.49785*** (0.01366)	2.51805*** (0.01402)
颜值得分	−6.24952*** (0.13611)	−6.41757*** (0.13782)	−6.39749*** (0.14223)	−5.64347*** (0.14396)	−6.52533*** (0.14549)	−5.87418*** (0.15758)	−5.62538*** (0.16128)
移动幅度	0.10340*** (0.01368)	0.07905*** (0.01368)	−0.01710 (0.01547)	−0.62381*** (0.03035)	0.00403*** (0.01564)	−0.48858*** (0.03075)	−0.91275*** (0.03522)
年龄	−0.99960*** (0.08010)	−1.26999*** (0.08307)	−1.62117*** (0.08705)	−1.04708*** (0.08923)	−1.51824*** (0.08961)	−1.96912*** (0.09824)	−1.49621*** (0.09966)

续表

	控制变量			单一说服变量			全模型
	(1)	(2)	(3)	(4)	(5)	(6)	(7)
性别_男	−1.00097*** (0.06109)	−0.89838*** (0.06242)	−0.77547*** (0.06382)	−0.35743*** (0.06694)	−0.90038*** (0.06874)	−0.67623*** (0.06371)	−0.25598*** (0.06750)
产品类别旗舰店	×	−0.48582*** (0.02243)	−0.34072*** (0.02345)	−0.39144*** (0.02397)	−0.38913*** (0.02507)	−0.43730*** (0.02467)	−0.45757*** (0.02513)
产品价格	×	0.06801*** (0.01675)	−0.04125* (0.01823)	−0.17899*** (0.01916)	−0.03560* (0.01929)	−0.20985*** (0.01899)	−0.30132*** (0.01993)
产品数量	×	0.03976* (0.02318)	0.10869*** (0.02429)	−0.01508 (0.02449)	0.08532*** (0.02558)	0.44491*** (0.02726)	0.36703*** (0.02778)
清晰度	×	×	−0.38068*** (0.0200)	−0.29228*** (0.02217)	−0.35925*** (0.02072)	−0.26517*** (0.02144)	−0.14143*** (0.02293)
亮度	×	×	−1.77372*** (0.07629)	−1.80637*** (0.07775)	−1.69243*** (0.07923)	−2.18512*** (0.08029)	−1.88933*** (0.08236)
暖色调	×	×	0.01357 (0.00822)	0.04331*** (0.00838)	−0.01274*** (0.00862)	0.11627*** (0.00933)	0.09009*** (0.00944)
常数	9.90794*** (0.25699)	10.61443*** (0.26122)	15.15928*** (0.30295)	1.88114*** (0.09670)	14.91463*** (0.30819)	1.70975*** (0.48017)	−8.56548*** (0.56676)
样本量	2297	2297	2297	2297	2297	2297	2297

注：*** 表示 $p<0.001$；** 表示 $p<0.01$；* 表示 $p<0.05$；() 内为标准误。

第一，控制变量对吸粉效果的回归结果如表 5－4 模型（1）～（3）所示，具体如下：

首先，“人”的影响。观看数（效应：2.55038；$p<0.001$）和移动幅度（效应：0.10340；$p<0.001$）的系数显著为正，表明在线观看人数多，主播更为夸张的移动幅度更有利于实现观众的粉丝转化。与之相反，粉丝数（效应：－0.25073；$p<0.001$）、颜值得分（效应：－6.24952；$p<0.001$）、年龄（效应：－0.100；$p<0.001$）和男性主播（效应：－1.00097；$p<0.001$）对吸粉效果的影响显著为负。

其次，“货”的影响。产品价格（效应：0.06801；$p<0.001$）和产品数量（效应：0.03976；$p<0.01$）与粉丝增量都显著正相关，表明产品价格越高、产品数量越多，粉丝增量越多。相反，产品类别旗舰店（效应：－0.48582；$p<0.001$）与粉丝增量显著负相关。

最后，“场”的影响。亮度（效应：－1.77372；$p<0.001$）和清晰度（效应：－0.38068；$p<0.001$）与粉丝增量显著负相关，暖色调（效应：0.01357；$p>0.05$）与粉丝增量正相关。

第二，单一说服知识变量对吸粉效果的回归结果如表 5－4 模型（4）～（6）所示，具体如下：

首先，情感说服变量的影响。积极的语言情感（效应：0.38075；$p<0.001$）和眼神注视（效应：0.23041；$p<0.001$）以及较高的声音音高（效应：4.92890；$p<0.001$）都会显著正向影响吸粉效果；而主播过度的积极面部表情（效应：－0.12688；$p<0.001$）会不利于吸粉，主播每增加一单位的积极表情，将减少 0.127 个新增粉丝。

其次，认知说服变量的影响。除了重复广度（效应：－0.17486；$p<0.001$）的系数显著为负，其余两个变量即重复深度（效应：0.16209；$p<0.001$）和比喻语言（效应：0.40506；$p<0.001$）的系数都显著为正。这表明当主播重复内容过多时，对吸粉效果的影响显著为负。主播每多重复 1 个单位的内容，将减少 0.175 个新增粉丝。

最后，技巧说服变量的影响。身体前倾（效应：－0.48811；$p<0.001$）和声音响度（效应：－0.21217；$p<0.001$）与粉丝增量之间显著负相关。与之相反，头部朝向（效应：0.23610；$p<0.001$）、流畅程度（效应：17.87225；$p<0.001$）和声音语速（效应：2.27082；$p<0.001$）与粉丝增量之间显著正相关关系。

第三，三种说服变量和控制变量对吸粉效果的回归结果如表 5－4 模型

(7) 所示，具体如下：

语言情感（效应：0.37822；$p<0.001$）、眼神注视（效应：0.46024；$p<0.001$）、声音音高（效应：4.61813；$p<0.001$）、重复深度（效应：0.45081；$p<0.001$）、比喻语言（效应：0.12699；$p<0.1$）、流畅程度（效应：16.90683；$p<0.001$）、声音语速（效应：1.93381；$p<0.001$）显著正向影响粉丝增量。这表明，当主播以积极的语言情感表达比喻语言，对重点信息流利地进行强调，再加之使用较快的声音、较大的音量和频繁的眼神注视会吸引更多粉丝。相反，面部表情（效应：−0.21558；$p<0.001$）、重复广度（效应：−0.46560；$p<0.001$）、身体前倾（效应：−0.08187；$p<0.001$）、头部朝向（效应：−0.04283；$p<0.001$）、声音响度（效应：−0.34702；$p<0.001$）显著负向影响粉丝增量。这表明，当主播表现出过度的身体前倾和头部朝向，声音较大地重复过多内容，并且面部表情过于积极时反而不利于吸粉。

5.6 本章小结

本章采用两类模型开展定量分析，探索 12 个变量对吸粉效果的影响。第一类是机器学习，即 XGBoost 和 SHAP 的经典组合；第二类是计量模型，遵循营销模型的分析传统。两类模型的实证结果完全一致，说明假设检验结果具有稳健性。结果小结如表 5−5。

表 5−5 结果小结

变量	机器学习结果		计量模型结果		假设是否得到支持	
	相对影响	绝对影响	正向（+）	负向（−）	是（√）	否（×）
情感说服变量						
语言情感	排名第 8	可能为正	+		√	
面部表情	排名第 9	可能为负	−		×	
眼神注视	排名第 5	可能为正	+		√	
声音音高	排名第 1	可能为正	+		√	
认知说服变量						
重复广度	排名第 12	可能为负	−		×	
重复深度	排名第 10	可能为正	+		√	

续表

变量	机器学习结果		计量模型结果		假设是否得到支持	
	相对影响	绝对影响	正向（+）	负向（－）	是（√）	否（×）
比喻语言	排名第 11	可能为正	+		√	
技巧说服变量						
身体前倾	排名第 4	可能为负		－		×
头部朝向	排名第 7	可能为负		－		×
流畅程度	排名第 3	可能为正	+		√	
声音语速	排名第 6	可能为正	+		√	
声音响度	排名第 2	可能为负		－		×

6 研究3：说服力的中介机制

第5章分析了12个自变量对因变量（吸粉效果）的影响，解答了What。但还不清楚自变量影响因变量的作用机制，即Why。为解释Why，本章将验证说服力的中介机制，具体分为两个步骤：

第一，测量说服力。首先，对2297个直播视频打标签，为每一个视频赋予1～7分的说服力评分。其次，在检验打标签的准确性后，将训练集、验证集和测试集以6∶2∶2和8∶1∶1的分配比例开展训练，图记忆融合网络（Graph Memory Fusion Network，GMFN）实现81.75%准确率，达到主流水平（如TFN、RMFN、MFM、MCTN），用于测量说服力。

第二，检验中介效应。将GMFN测量的说服力作为中介变量，放入Sobel test检验，结果显示，中介效应显著。首先，自变量对中介变量的影响：声音音高、重复深度、比喻语言、身体前倾、头部朝向、声音语速和声音响度显著正向影响说服力，语言情感、面部表情、眼神注视、重复广度、流畅程度显著负向影响说服力。其次，中介变量对因变量的影响：说服力显著正向影响吸粉效果。

需要补充说明的是，GMFN的组件之一，动态融合图记忆网络（Dynamic Fusion Graph，DFG）可视化的中介过程显示：只考察单一模态对说服力的影响时，文本、声音、图像模态的变量都很重要；然而，当考察两模态融合时，随时间推进，“文本+声音”和“文本+图像”融合的重要性逐渐降低，“声音+图像”融合的重要性逐渐增强。这表明，文本模态既定时，声音和图像模态的协同性重要。具体到直播视频，就是指：在直播脚本既定时，随时间推进，声音、表情和姿态的协调表现能提升说服力。

6.1 数据标注

标注的数据集共包含2297个直播吸粉视频。数据标注由外包公司的三位专业标注人员完成，为确保打标签的准确性，在前期选择数据标注人员时均要求每位人员以往的数据标注准确率达98%以上。每个吸粉视频采用16个题项从可信度、专业性、吸引力和说服力四个方面标注，以确保标注的说服力水平具有内容效度并加强模型分类结果的可解释性（Luo et al.，2022）。数据标注一共分为数据获取、培训准备、概念定义和正式标注四步，具体如下：

第一，数据获取。从国内某短视频社交平台上获取数据。在平台的直播机制下，主播通常站在摄像头前展示直播内容，比如售卖商品、才艺表演、聊天互动等。每个视频包含三个模态：涉及直播脚本的文本模态、涉及声音特征的声音模态、涉及动作姿态的图像模态。观众通常通过文本、声音和图像模态感知主播说服力，进而产生关注行为。

首先，随机从26个直播类别中抽取了260个主播，将每个类别的主播数量限制为最多100个，从每个主播那里获得的视频最多为10个，以防止同一主播身份过多重复化，提供多样化的主播集合。接着，剔除没有主播或出现多个主播的样本，以确保每个视频都只有一个主播。然后，剔除一些极端化的视频，使得数据集中的大多数视频都显示出中等水平的说服力。最终，获得的待标注的数据集包含2297个直播吸粉视频，每一个视频都再次经过人工检查文本、声音和图像质量，以确保每一个视频都是一段有效的独白。

第二，培训准备。正式标注前为标注人员提供了半小时的培训视频。打标签的目的是捕捉观众对主播说服力的看法，因此，将尽量对标注人员进行最少的培训以排除培训可能导致的潜在偏差。数据集中所有的视频都由专业的标注外包公司的三位标注人员打标签，其中每位标注人员过去的打标签准确率都被要求达到98%以上。为了避免对主播产生隐性偏见，并捕捉普通观众对主播说服力的看法，培训未采用极端的标注训练，而是为标注人员提供了一段半小时的培训视频，教他们如何准确地标注说服力，若标注人员在标注过程中出现任何的遗忘或不清楚的情况可以随时再次观看培训视频。

第三，概念定义。将说服力定义为主播影响或控制观众的决策、观点或行为的能力。鉴于可信度、专业性和吸引力是说服力的三个重要前因变量，因此采用多维的7级李克特量表测量说服力。题项1～4（“文本模态的非常不可信到非常可信”“声音模态的非常不可信到非常可信”“图像模态的非常不可信到非常可信”）用来测量主播可信度。题项5～8（“文本模态的非常不专业到非常专业”“声音模态的非常不专业到非常专业”“图像模态的非常不专业到非常专业”）用来测量主播专业性。题项9～12（“文本模态的非常没有吸引力到非常有吸引力”“声音模态的非常没有吸引力到非常有吸引力”“图像模态的非常没有吸引力到非常有吸引力”）用来测量主播的吸引力。此外，标注人员还被要求利用文本、声音、图像三个模态评估主播的说服力，并给出最终的总说服力评分。在量表设计中，对其中一些题项进行了反向设置，以防止标注人员敷衍回答，并将题项顺序随机化，以防止默认偏见。

第四，正式标注。完成以上三步后，进入正式标注。在标注每个视频之前，标注人员会被询问如下问题：“请观看视频，并按照问卷维度对主播进行评分。请注意，你可能同意或不同意主播的说法，但重要的是，你只需要评价主播的说服力。”在所有视频都被标注后，外包公司对三位标注人员的评分进行了检查，表 6－1 显示，三位标注人员的打标签结果具有稳健性。

表 6－1　说服力标注结果的稳健性检验

因变量：说服力				
自变量	标注人员 1	标注人员 2	标注人员 3	标注均值
可信度	0.45469*** (0.01005)	0.67484*** (0.01211)	0.51067*** (0.01680)	0.52106*** (0.01371)
专业性	0.47679*** (0.01118)	0.15943*** (0.00881)	0.50829*** (0.01648)	0.43839*** (0.01237)
吸引力	0.11149*** (0.01133)	0.13961*** (0.01171)	0.12688*** (0.01233)	0.12222*** (0.01168)
常数	−0.21963*** (0.01443)	0.14496*** (0.01731)	−1.01876*** (0.04289)	−0.44811*** (0.01605)
R^2	0.97500	0.95870	0.85650	0.97610
Adjust R^2	0.97490	0.95870	0.85630	0.97600

注：* 表示 $p<0.01$；** 表示 $p<0.005$；*** 表示 $p<0.001$。

6.2　中介测量

由于每个直播视频包含文本、声音、图像三个模态，并且研究 1 的中介访谈结果显示观众通常会从文本、声音和图像三个方面感知说服力，因此，在得到标注的说服力数据集并检验准确性后，将训练集、验证集和测试集以 6∶2∶2和 8∶1∶1 的分配比例开展训练，GMFN 测量说服力。

6.2.1　特征提取

每个视频的平均时长为 135 秒（s），每一秒包含 24 帧（fps），每一帧有红、绿、蓝（RGB）3个颜色通道（c），标准分辨率为1080×1920像素（p），因此一个标准视频总计有135s×24fps×3c×1080p×1090p=20155392000像素值。此外，视频中声音的标准采样率为44100Hz，每个视频有左右通道。因此，有44100Hz×135s×2c=11907000个声音采样点。

对于文本特征，通过调用阿里云API接口以获得预训练的200维（d）词向量。对于声音特征，使用COVAREP（Tsai et al.，2019），通过计算每秒的声音特征，得到一个135s×74d的特征矩阵，其中包括F_0、VUV、NAQ和MFCC等在内的特征。声波和MFCC的示意图详见图6-1。对于图像特征，利用OpenFace2.0从每张图像中提取出49维的面部特征。需要说明的是，为了提高效率，参照Yang et al.（2021）、Zhang et al.（2017）、Zhou et al.（2021）的做法，主要提取每秒的第一张图片来计算图像特征。最终，提取出一个135s×49d的矩阵来代表数据集中一个标准视频的主播面部动作。

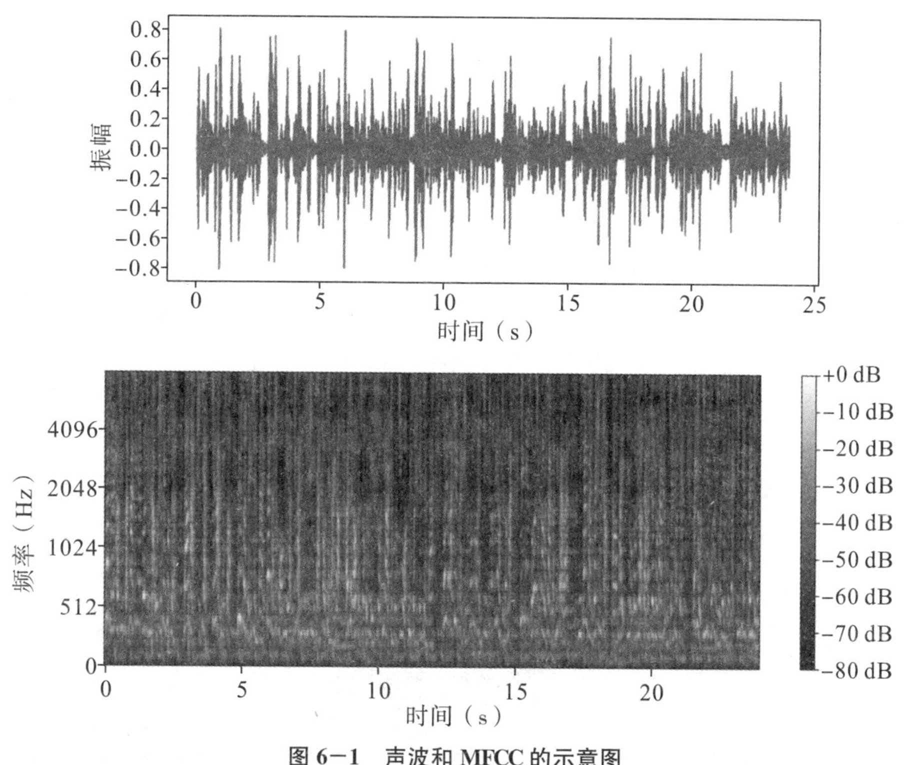

图6-1　声波和MFCC的示意图

6.2.2 模型建立

在多模态机器学习中，选用GMFN以估计模态内和模态间的相互作用

(Liang et al.，2018)。模态内的相互作用是指特定模态内的信息，独立于其他模态。例如，根据语言的生成语法在句子中排列单词（文本模态）(Chomsky，1957）或面部肌肉的顺序来表示皱眉（图像模态）。模态间的相互作用是指跨模态之间的交互。例如，一个微笑与一个积极的句子同时出现，或者一个笑声在句子结束后延迟出现。GMFN 可以同时学习这两种融合方式，它的融合以分层的方式进行，以便分析每种模式组合的重要性。GMFN 包含了一个内置的动态融合图模块（Dynamic Fusion Graph，DFG)，可以直观地解释融合过程中模态间的相互作用。GMFN 用 DFG 取代了记忆融合网络（Memory Fusion Network，MFN）中原有的融合组件，因此命名模型为 GMFN。它由三部分组成：

第一，长短时记忆网络系统（System of LSTMs)。通过将 LSTM 函数分配给每个模态，可以孤立地学习针对某一特定模态的交互。LSTM 系统是一组并行的 LSTM，每个 LSTM 对单个模态进行建模。每个 LSTM 编码来自一个模态的信息，如文本、声音或图像。此外，LSTM 还表示跨两个连续的时间戳，这使得 GMFN 可以跟踪记忆维度随时间的变化。

GMFN 的输入是一个多模态序列，其 M 个模态的集合长度为 T。例如，序列可以由文本、声音和图像组成，即 $M=\{t,a,i\}$，第 m 个模态的输入可以表示为：$x^m=[x_t^m:t\leqslant T,x_t^m\in\mathbb{R}^{d_x m}]$，其中$d_x m$ 是第 m 个模态的输入 x_m。

针对每个模态，一个 LSTM 编码了模态内信息随时间产生的相互作用，对于第 m 个模态，分配给 LSTM 的记忆表示为 $\boldsymbol{c}^m=\{c_t^m:t\leqslant T,c_t^m\in\mathbb{R}^{d_c m}\}$，输出定义为 $\boldsymbol{h}^m=\{h_t^m:t\leqslant T,h_t^m\in\mathbb{R}^{d_h m}\}$，其中，$d_c m$ 表示第 m 个 LSTM 记忆的维度 $\boldsymbol{c}^m$。为第 m 个 LSTM 定义了以下更新规则：

$$i_t^m=\sigma(W_i^m x_t^m+U_i^m h_{t-1}^m+b_i^m) \tag{6-1}$$

$$f_t^m=\sigma(W_f^m x_t^m+U_f^m h_{t-1}^m+b_f^m) \tag{6-2}$$

$$o_t^m=\sigma(W_o^m x_t^m+U_o^m h_{t-1}^m+b_o^m) \tag{6-3}$$

$$\hat{c}_t^m=\sigma(W_{\hat{c}}^m x_t^m+U_{\hat{c}}^m h_{t-1}^m+b_{\hat{c}}^m) \tag{6-4}$$

$$c_t^m=f_t^m\odot c_{t-1}^m+i_t^m\odot \hat{c}_t^m \tag{6-5}$$

$$h_t^m=o_t^m\odot\tanh(c_t^m) \tag{6-6}$$

参数包含两个仿射变换，$W_*^m\in\mathbb{R}^{d_x m\times d_c m}$ 和 $U_*^m\in\mathbb{R}^{d_c m\times d_c m}$，其中，$i^m$、$f^m$、$o^m$ 分别代表第 m 个 LSTM 的输入门、遗忘门和输出门，$\hat{c}_t^m$ 是第 m 个 LSTM 随时间 t 提出的记忆更新，$\odot$代表哈达玛积（元素乘积），σ 是 sigmoid 激活函数。

第二，动态融合图记忆网络（Dynamic Fusion Graph，DFG），目的是研究多模态信息的融合机制。如图6－2所示，DFG适用于多模态融合，因为它具有以下特性：①通过捕获单模态、双模态和三模态相互作用来明确地对多模态相互作用进行建模；②它的参数是高效的；③它可以动态地改变其结构，并根据融合过程中单个多模态动态的重要性选择理想的融合图。

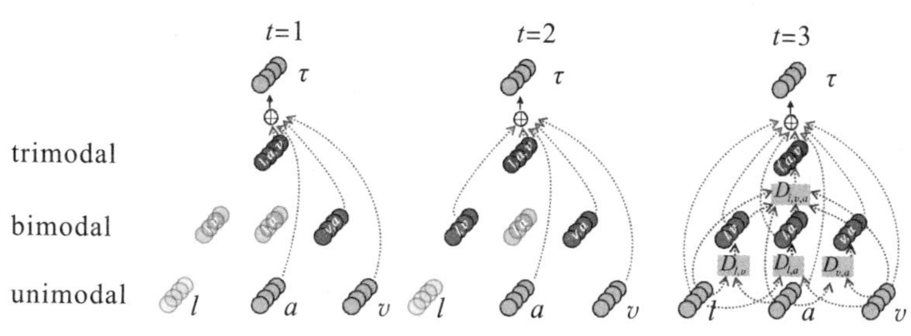

图6－2　DFG结构示意图

假设的集合形式 $M=\{$文本（*text*）；图像（*image*）；声音（*audio*）$\}$，单模态融合表示为 $\{t\}$，$\{i\}$，$\{a\}$，双模态融合表示为 $\{t;i\}$，$\{i;a\}$，$\{t;a\}$，三模态融合表示为 $\{l,v,a\}$。这些动态以潜在表示的形式存在，这些表示是从影响者的多模态数据中学习到的。每一个潜在表示都被认为是图6－2中 $t=3$ 的情况下 $G=(V,E)$ 中的顶点，其中 V 表示顶点集合，E 表示边集合。仅当 $v_i \subset v_j$ 时，在顶点 v_i 和 v_j 之间建立定向神经连接。例如，$t \subset ti$ 代表<*text*>和<*text*，*image*>结果之间的联系。此连接表示为边缘 e_{ij}。所有边 E 的集合由满足这个定义的所有这样的 e_{ij} 组成。每条边 e_{ij} 的有效性被定义为权重 α_{ij}，它决定了该边在多模态融合中的重要性。具体来说，每个 α 是一个sigmoid激活的概率神经元，它表明 v_i 和 v_j 之间的连接是强是弱。在融合过程中，更强的相互作用将被强调，而较弱的相互作用的影响将被最小化。这组效用 α 是DFG中可解释性的主要来源。使用深度神经网络 D_a 推断所有 α_s 的向量，该深度神经网络以 $V(t, i, a)$ 中的单点作为输入。在监督训练目标中使用它来学习 D_a 的参数，使效能最大化。对于每个多模态输入，不同的边将根据每个交互的强度被激活。因此，DFG能够在多模态融合过程中动态控制图的结构。有了 $V(t, i, a)$ 中的单顶点、每个边 α_{ij} 和图 G 的有效性，多模态融合的步骤就逐渐明晰。多模态融合以分层的方式进行。每个顶点 v_i 都乘以 α_{ij}，然后被用作 D_j 的输入，D_j 是一个神经网络，执行几个加权顶点的局部融合。总的来说，D_j 作为输入，所有 v_i 需满足神经连接公式：$v_i \subset v_j$。D_j 的输出是局部多模态融合的结果，并传递给结果顶点 v_j。这个过程以分层的方式重复，直到发现所有跨单模态、双模态和三模态的跨模态相互作用。

DFG 总共有 8 个顶点（包括输出顶点）、19 条效用边，因此有 19 种模态融合效果。单顶点 t、i、a 是 DFG 的输入，所有顶点都通过各自效能的效用连接到网络的输出顶点 T_t。DFG 最终输出顶点 T_t，存储在多视图门控存储器 u_t 中，这是到时间 t 为止的多模态交互的总结。

第三，多视图门控记忆网络（Multi−view Gated Memory，MGM）。作为 GMFN 的最后一个组件，通过两个门$\gamma^{(1)}$、$\gamma^{(2)}$存储多模态融合随时间的输出，称为保留门和更新门。如图 6−3 所示，u 是作为 LSTM 系统统一内存的神经组件。DFN 的输出$\hat{c}$［$t-1$，t］直接传递给多 MGM，以表明 LSTM 存储器系统中的哪些维度构成跨模态交互。$\hat{c}[t-1,t]$ 首先作为中枢神经网络的输入 $D_u: \boldsymbol{R}^{2\times d_c} \mapsto \boldsymbol{R}^{d_{mem}}$，为 u 生成一个跨视图更新提议 $\hat{u}_t$：

$$\hat{u}_t = D_u(\hat{c}[t-1,t]) \tag{6-7}$$

此更新提议基于对时间 t 的跨视图交互的观察对 u 进行更改。MGM 使用保留门$\gamma^{(1)}$和更新门$\gamma^{(2)}$控制，在每个时间步 t 上，$\gamma^{(1)}$分配 MGM 当前需要记住的状态，而$\gamma^{(2)}$则分配基于更新提议$\hat{u}_t$当前需要更新的记忆。$\gamma^{(1)}$和$\gamma^{(2)}$分别由神经网络控制。$D_{\gamma^{(1)}}$，$D_{\gamma^{(2)}}$：$\mathbb{R}^{2\times d_c} \mapsto \mathbb{R}^{d_{mem}}$ 使用$\hat{c}$［$t-1$，t］作为输入，控制了部分 MGM 的门控机制：

$$\gamma^{(1)} = D_{\gamma^{(1)}}(\hat{c}[t-1,t]),\ \gamma^{(2)} = D_{\gamma^{(2)}}(\hat{c}[t-1,t]) \tag{6-8}$$

在 GMFN 递归的每个时间步中，使用$\gamma^{(1)}$和$\gamma^{(2)}$更新 u 以及当前的更新提议 $\hat{u}_t$，公式如下：

$$u_t = \gamma^{(1)} \odot u_{t-1} + \gamma^{(2)} \tanh(\hat{u}_t) \tag{6-9}$$

$\hat{u}_t$是使用 tanh 压缩功能激活的，通过避免对记忆的剧烈变化来提高模型的稳定性。

GMFN 的输出是 MGM 中 u_T 的最终状态和每个 LSTM 的输出：

$$\boldsymbol{h}_T = \bigoplus_{m\in M} h_T^m \tag{6-10}$$

其中，⊕表示向量拼接。该输出随后连接到分类或回归层以进行最终预测。

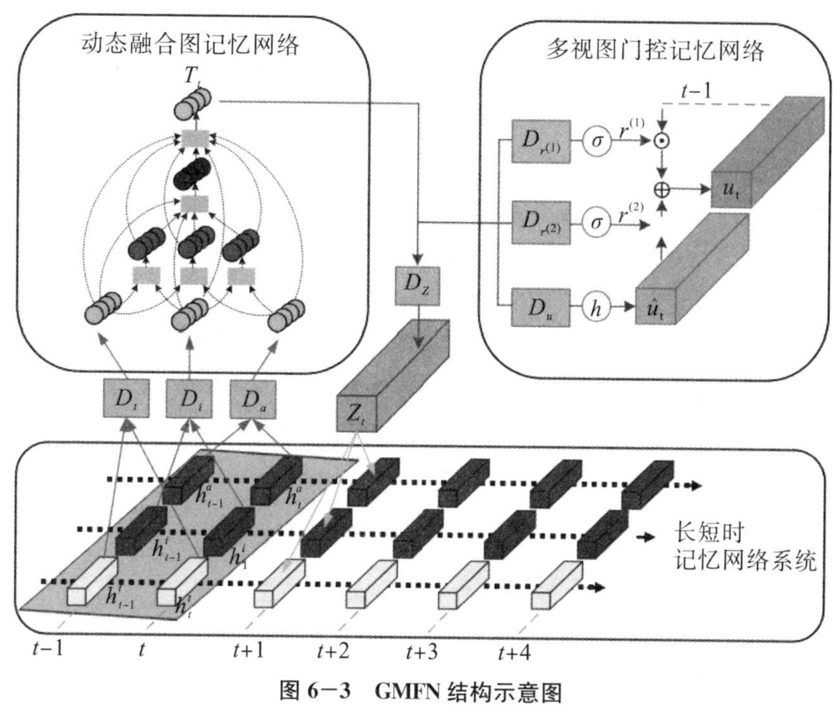

图 6－3 GMFN 结构示意图

6.2.3 结果分析

测试集上模型的预测结果显示，GMFN 预测说服力的 MAE 为 1.5265，MSE 为 3.1672，Corr 为 0.3704，F1 score 为 0.7921，Acc2 为 0.8175。

6.3 中介结果

用 GMFN 预测出说服力水平后，把预测值带入逐步回归以验证中介效应，并运用 Sobel test 检测中介效应显著性。

6.3.1 逐步回归

多元线性回归是常用的分析一个因变量与多个自变量之间线性关系的计量统计方法，作为简单线性回归的扩展，多元线性回归允许研究人员回答考虑多个自变量在单一因变量的方差中所起作用的问题。多元线性回归模型的自变量可以是定量的（如性格特征、家庭收入），也可以是分类的（如种族、实验中的治疗条件），而因变量则为连续变量。由于它的输出结果与营销管理人员的直觉高度一致，因此便于其理解变量关系，可解释性强。此外，多元线性回归能在随机对照实验中通过随机化调整混杂因素至最小化，因此，它在模型的准确性和稳定性方面比传统的回归分析方法更有优势（Cui & Wu，2016）。最普遍使用的多元线性回归模型为普通最小二乘法（Ordinary Least Square，OLS），公式如下：

$$Y = \beta_0 + \beta_1 X_1 + \beta_2 X_2 + \beta_3 X_3 + \cdots + \beta_k X_k + \mu \qquad (6-11)$$

其中，β_1，β_2，β_3，…，β_k是变量的待估系数，系数大小表示该变量的影响程度，系数正负表示该变量的影响方向；k 代表变量个数；μ 代表误差项。

逐步回归由 Baron & Kenny（1986）提出，其检验步骤分为三步：第一，分析 X 对 Y 的回归，检验图 6－4 中回归系数 c 的显著性；第二，分析 X 对 M 的回归，检验回归系数 a 的显著性；第三，分析加入中介变量 M 后 X 对 Y 的回归，检验回归系数 b 和 c'的显著性。

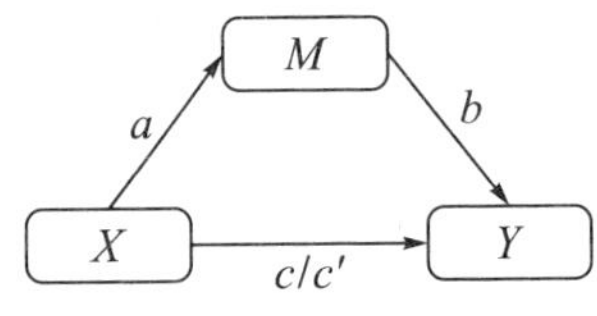

图 6−4　中介效应示意图

首先，由表 6－2 可知，基于 GMFN 的说服力预测值的中介作用显著存在。5.5.2 节已经检验了 12 个自变量与因变量粉丝增量的关系，结果显示 12 个自变量都与粉丝增量之间存在显著相关关系，图 6－4 中回归系数 c 的显著性得到验证。

其次，表 6－2 中的 Panel a 显示了自变量对中介变量的回归结果。在逐步加入控制变量后，12 个自变量跟中介变量间存在显著相关关系。其中，声音音高（效应：5.06258；$p<0.001$）、重复深度（效应：0.49849；$p<0.005$）、比喻语言（效应：0.45421；$p<0.01$）、身体前倾（效应：3.28559；$p<0.001$）、头部朝向（效应：0.23784；$p<0.005$）、声音语速（效应：1.72255；$p<0.001$）和声音响度（效应：1.30740；$p<0.001$）与说服力显著正相关，说明主播声音较高、语速较快、音量较大、适当使用比喻和重复语言，再搭配适当的身体前倾和头部朝向能有效地提升说服力。相反，语言情感（效应：−0.03987；$p<0.01$）、面部表情（效应：−0.62172；$p<0.001$）、眼神注视（效应：−0.83355；$p<0.001$）、重复广度（效应：−0.63928；$p<0.001$）、流畅程度（效应：−0.12482；$p<0.01$）与说服力显著负相关，说明主播过多的情感流露（包括语言情感和面部表情），以及流利地重复内容过多反而会削弱观众对其的说服力感知。由此可知，图 6－4 中回归系数 a 的显著

性得到验证。

最后，检验加入中介变量后 12 个自变量对因变量的影响，即验证图 6－4 中回归系数 b 和 c' 的显著性。表 6－2 中 panel b 的结果显示，在加入中介变量——说服力的预测值后，12 个自变量与因变量仍然显著相关。其中，7 个自变量——语言情感（效应：0.30063；$p<0.005$）、眼神注视（效应：0.67861；$p<0.001$）、声音音高（效应：3.96838；$p<0.001$）、重复深度（效应：0.31800；$p<0.001$）、比喻语言（效应：0.10758；$p<0.001$）、流畅程度（效应：16.37550；$p<0.001$）和声音语速（效应：1.66326；$p<0.001$）与粉丝增量显著正相关，5 个自变量——面部表情（效应：−0.00974；$p<0.01$）、重复广度（效应：−0.29568；$p<0.001$）、身体前倾（效应：−1.53359；$p<0.001$）、头部朝向（效应：−0.07652；$p<0.001$）和声音响度（效应：−0.65057；$p<0.001$）与粉丝增量显著负相关。

6.3.2 Sobel test

在说服力的中介效应得到检验后，采用 Sobel test 检验中介效应的显著性。Sobel test 主要利用逐步回归所得的结果构造 z 统计量，计算公式如下：

$$z=\sqrt{a^2 s_b^2+b^2 s_a^2} \tag{6-12}$$

其中，a 和 b 分别表示自变量对因变量的回归系数和中介变量对因变量的回归系数，s_a 和 s_b 分别表示 a 和 b 对应的标准误。

表 6－2 Panel b 的结果显示，分别加入不同控制变量的三个模型对应的 z 统计量分别为 6.658、6.399、7.401，p 值均小于 0.001，说明说服力的中介效应显著存在。

表 6-2 说服力的中介结果

	Panel a：$X-M$			Panel b：$X+M-Y$		
	因变量：说服力预测值			因变量：粉丝增量		
	(1)	(2)	(3)	(1)	(2)	(3)
说服力预测值	×	×	×	0.21568*** (0.00428)	0.19928*** (0.00439)	0.18257*** (0.00491)
情感说服变量						
语言情感	−0.04588* (0.42676)	−0.15293* (0.41108)	−0.03987* (0.37450)	0.20139* (0.09558)	0.35154** (0.09603)	0.30063** (0.09695)
面部表情	−0.90376*** (0.12406)	−0.60159*** (0.12224)	−0.62172*** (0.11406)	−0.02003*** (0.00464)	−0.01586*** (0.00469)	−0.00974 * (0.00478)
眼神注视	−0.84777*** (0.13282)	−0.74139*** (0.12910)	−0.83355*** (0.11832)	0.68022*** (0.03265)	0.70884*** (0.03304)	0.67861*** (0.03358)
声音音高	6.39657*** (0.50814)	6.53753*** (0.49533)	5.06258*** (0.45468)	3.69266*** (0.11434)	3.97574*** (0.11665)	3.96838*** (0.11591)
认知说服变量						
重复广度	−1.32241*** (0.21375)	−1.18794*** (0.20779)	−0.63928*** (0.18969)	−0.37079*** (0.04226)	−0.31199*** (0.04276)	−0.29568*** (0.04300)
重复深度	0.96642*** (0.18397)	0.99513*** (0.17901)	0.49849** (0.16363)	0.41830*** (0.03653)	0.31940*** (0.03697)	0.31800*** (0.03726)
比喻语言	0.71506*** (0.23511)	0.49968* (0.22729)	0.45421* (0.20587)	0.19539*** (0.03928)	0.12237** (0.03940)	0.10758*** (0.03951)

续表

	Panel a：$X-M$			Panel b：$X+M-Y$		
	因变量：说服力预测值			因变量：粉丝增量		
	(1)	(2)	(3)	(1)	(2)	(3)
技巧说服变量						
身体前倾	1.03977*** (0.28147)	0.24851* (0.28221)	3.28559*** (0.29062)	−1.37981*** (0.05954)	−1.77322*** (0.06177)	−1.53359*** (0.07218)
头部朝向	0.16263* (0.08594)	0.23015* (0.08368)	0.23784** (0.07578)	−0.08610*** (0.01962)	−0.08830*** (0.01987)	−0.07652*** (0.01985)
流畅程度	−11.91859*** (2.21834)	−11.58954*** (2.21030)	−0.12482* (2.07669)	12.61639*** (0.463)	15.40348*** (0.48721)	16.37550*** (0.52600)
声音语速	0.67748* (0.47455)	1.18979* (0.46808)	1.72255*** (0.42851)	1.24534*** (0.10802)	1.51451*** (0.11156)	1.66326*** (0.11247)
声音响度	1.39684*** (0.22711)	1.88941*** (0.22176)	1.30740*** (0.21004)	−0.69605*** (0.04959)	−0.60489*** (0.05154)	−0.65057*** (0.05283)
控制变量						
历史粉丝数	−0.44290* (0.05574)	−0.45633*** (0.05669)	−0.07138 (0.05494)	−0.30421 (0.01181)	−0.35598*** (0.01266)	−0.31175*** (0.01345)
观看数	0.73129*** (0.06820)	0.46477*** (0.07020)	0.37084*** (0.06500)	2.42349*** (0.01315)	2.45248*** (0.01390)	2.48211*** (0.01421)
颜值得分	−0.90081 (0.73469)	−3.89689*** (0.74270)	−2.80350*** (0.68178)	−5.37510*** (0.15244)	−5.57655*** (0.15650)	−5.07368*** (0.16226)

续表

	Panel a：$X-M$			Panel b：$X+M-Y$		
	因变量：说服力预测值			因变量：粉丝增量		
	(1)	(2)	(3)	(1)	(2)	(3)
移动幅度	1.18963*** (0.16068)	0.77852*** (0.15886)	0.94166*** (0.14410)	−1.09011 (0.03509)	−1.20019*** (0.03544)	−1.14392*** (0.03576)
年龄	0.35387 (0.40853)	0.12393 (0.39992)	−0.09950 (0.14410)	−0.60879 (0.09418)	−1.29402*** (0.0999)	−1.31310*** (0.10156)
性别_男性	0.39239* (0.16963)	0.56563*** (0.17067)	0.45305** (0.15628)	−0.31535 (0.06318)	−0.12037* (0.06480)	−0.10456 (0.06550)
产品类型旗舰店		−0.82564*** (0.08769)	−0.18269* (0.08513)		−0.46230*** (0.02405)	−0.38013*** (0.02507)
产品价格	×	0.40980*** (0.07711)	0.04007 (0.07305)	×	−0.21197*** (0.01906)	−0.28105*** (0.02030)
产品数量	×	−0.75372*** (0.10534)	−0.22279* (0.09819)	×	0.28295*** (0.02730)	0.34481*** (0.02812)
清晰度	×	×	−0.68716*** (0.08637)	×	×	−0.06942*** (0.02341)
亮度	×	×	−4.96737*** (0.32515)	×	×	−1.05333*** (0.08712)
暖色调	×	×	0.40164*** (0.03828)	×	×	−0.01930*** (0.01022)
Sobel test	×	×	×	6.65800***	6.39900***	7.40100***

注：* 表示 $p<0.01$；** 表示 $p<0.005$；*** 表示 $p<0.001$。

6.4 中介过程

采用GMFN内置模块DFG可视化中介过程。DFG通过捕获单模态、双模态和三模态的相互作用来明确地对多模态相互作用进行建模，并且它可以动态地改变结构，根据融合过程中单个模态动态的重要性选择理想的融合图，因此可以直观地观察并解释融合过程中12个变量对说服力的动态异质中介过程。

6.4.1 可视觉化

图6-5展示了4种不同情境下12个变量对说服力的动态异质中介过程。可以观察到，DFG的融合结构在每个视频中都是不同的，并且随时间动态变化，暖色调代表高效力值，冷色调代表低效力值。在情境（Ⅰ）中，文本、声音和图像三模态信息都齐全，与其他三张图相比，19种模态组合几乎一致，呈现出高效力值，这表明DFG能够在单模态、双模态和三模态的融合中找寻到有用信息，文本、声音和图像模态对于说服力的影响一直很重要。在情境（Ⅱ）中，文本模态缺失，主播可能在哼歌。从第0行、第1行、第6行和第12行可以看出，文本模态在与其他模态的融合过程中重要性在逐渐减弱，效力值颜色由暖色调逐步过渡到冷色调。在情境（Ⅲ）中，图像模态缺失，主播可能背对镜头。从第3行“文本+图像”的融合中可以看出，图像模态一直很重要，呈现出高效力值的状态。然而在第5行“声音+图像”的融合中，图像特征却一直呈现出低效力值。但是考察双模态数据融合时，第11行“声音+图像”的融合显得非常重要。在情境（Ⅳ）中，声音模态缺失，主播声音可能很小。从第1行、第4行可以看出，声音模态无论是与文本模态还是与图像模态的双模态融合，效力值都随时间逐渐降低。在第7行声音模态与三模态的融合中，效力值也在逐渐降低。这表明，在声音信息缺失的情境中，声音模态在与其他模态的融合中重要性都较低。

6.4.2 可解释性

将图6-5转换为表6-3以更直观地展示19种模态组合的动态中介过程。在表6-3中，根据数据来源将12个变量划分到3个模态，其中文本模态包含语言情感、比喻语言、重复广度、重复深度，声音模态包含声音音高、声音响度、流畅程度、声音语速，图像模态包含面部表情、身体前倾、头部朝向、眼神注视。若这一变量属于其中一种模态，则用“√”示意，否则用“×”示意。“+”代表高效力值，“-”代表低效力值。

从表6-3中可以直观地看出19种变量组合对说服力的动态异质中介过程。比如第6行、第7行和第8行在情境（Ⅰ）三模态信息都完整的情况下，文本、声音和图像任一单模态对说服力的影响都很重要，效力值一直呈现出“++”状态。考察两模态数据融合时，“文本+声音”的融合以及“文本+图像”的融合效力值都在逐渐降低，然而，“声音+图像”的融合效力值却在逐渐增加。这表明，文本模态既定时，声音和图像模态的协同性较重要。这样的结果符合直觉，视频是视听结合的多媒体产物，声音和图像是视频中最重要的两类基础信息，能反映视频中出现的重要内容，因此声音和图像的两模态数据融合重要性得以凸显。具体到直播视频，就是指：在直播脚本既定时，随时间推进，主播的声音音高、声音响度、流畅程度、声音语速以及面部表情、身体前倾、头部朝向、眼神注视的协调表现，能提升说服力。

(Ⅰ)三模态信息充分

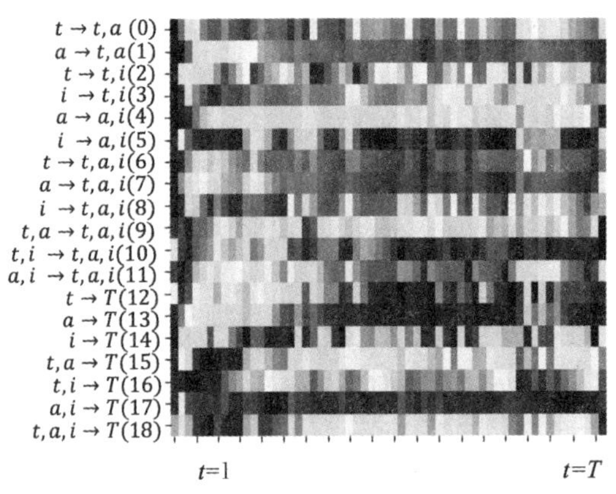

不管你是屁股大还是妈妈臀，大肚子还是小蛮腰都可以穿。你可以看到侧面的腰线。为什么我说矮的人可以穿?它这个侧面的腰线把你的腰提得很高，腿一下就显得长了。

(Ⅱ)文本模态信息不充分

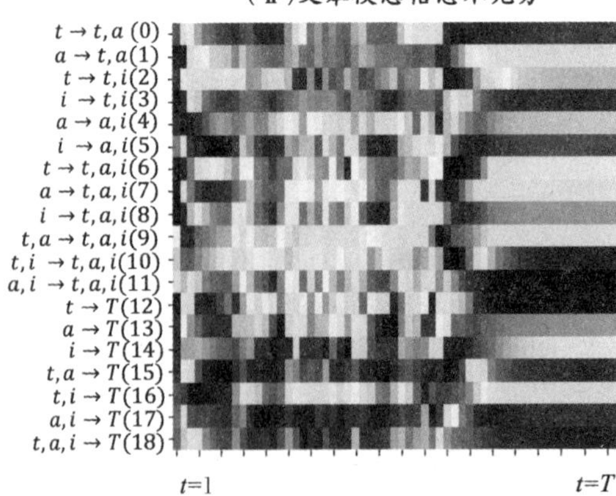

你可以直接说出来，没关系。别担心，它可以加，可以加到70元。

图6-5　基于DFG的说服力中介过程可视化

（Ⅲ）图像模态信息不充分

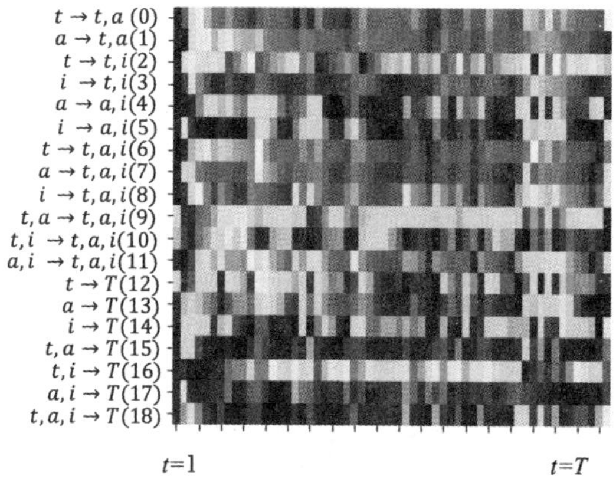

面料是聚酯纤维制成的，任何清洗方式都可以，可以手洗、水洗、机洗、干洗，非常方便。

（Ⅳ）声音模态信息不充分

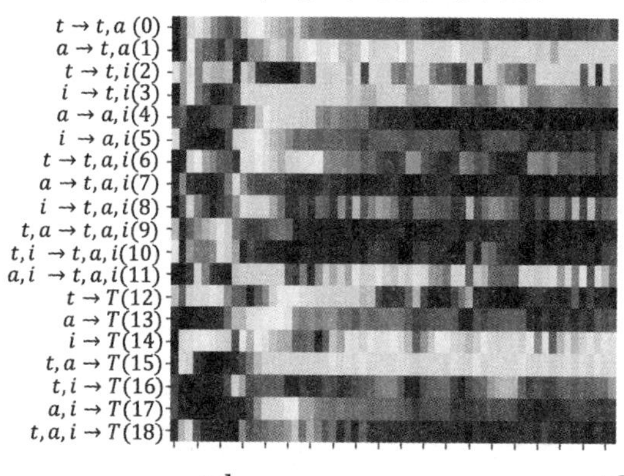

哦，很抱歉，我介绍错了。它来自韩国，是由韩国毛纱做成的。

图 6-5（续）

表 6—3　说服力中介过程可解释性

	情感说服变量				认知说服变量			技巧说服变量					DFG efficacies			
	积极情感	面部表情	眼神注视	声音音高	重复广度	重复深度	比喻语言	身体前倾	头部朝向	流畅程度	声音语速	声音响度	情景（Ⅰ）	情景（Ⅱ）	情景（Ⅲ）	情景（Ⅳ）
$t \to t,a(0)$	√	×	×	×	√	√	√	×	×	×	×	×	++	+−	++	++
$a \to t,a(1)$	×	×	×	√	×	×	×	×	×	√	√	√	++	++	++	++
$t \to t,i(2)$	√	×	×	×	√	√	√	×	×	×	×	×	−−	−−	−−	−−
$i \to t,i(3)$	×	√	√	×	×	×	×	√	√	×	×	×	++	+−	++	+−
$a \to a,i(4)$	×	×	×	√	×	×	×	×	×	√	√	√	−−	−−	−−	+−
$i \to a,i(5)$	×	√	√	×	×	×	×	√	√	×	×	×	−−	−+	−−	−+
$t \to t,a,i(6)$	√	×	×	×	√	√	√	×	×	×	×	×	++	+−	++	++
$a \to t,a,i(7)$	×	×	×	√	×	×	×	×	×	√	√	√	++	+−	++	+−
$i \to t,a,i(8)$	×	√	√	×	×	×	×	√	√	×	×	×	++	+−	++	+−
$t,a \to t,a,i(9)$	√	×	×	√	√	√	√	×	×	√	√	√	+−	+−	+−	+−
$t,i \to t,a,i(10)$	√	√	√	×	√	√	√	√	√	×	×	×	+−	++	+−	+−
$a,i \to t,a,i(11)$	×	√	√	√	×	×	×	√	√	√	√	√	−+	+−	−+	−+

续表

	情感说服变量				认知说服变量			技巧说服变量					DFG efficacies			
	积极情感	面部表情	眼神注视	声音音高	重复广度	重复深度	比喻语言	身体前倾	头部朝向	流畅程度	声音语速	声音响度	情景（Ⅰ）	情景（Ⅱ）	情景（Ⅲ）	情景（Ⅳ）
$t \rightarrow T$(12)	√	×	×	×	√	√	√	×	×	×	×	×	+−	−−	−−	+−
$a \rightarrow T$(13)	×	×	×	√	×	×	×	×	×	√	√	√	−−	−+	−−	+−
$i \rightarrow T$(14)	×	√	√	×	×	×	×	√	√	×	×	×	−−	−+	−−	−−
$t,a \rightarrow T$(15)	√	×	×	√	√	√	√	×	×	√	√	√	−+	−+	−−	−+
$t,i \rightarrow T$(16)	√	√	√	×	√	√	√	√	√	×	×	×	−+	−+	−+	−+
$a,i \rightarrow T$(17)	×	√	√	√	×	×	×	√	√	√	√	√	−−	−+	−−	−+
$t,a,i \rightarrow T$(18)	√	√	√	√	√	√	√	√	√	√	√	√	−+	−+	−−	−−

注：“√”代表变量属于文本、声音、图像的某一模态，“×”代表该变量不属于三模态中的任一模态。
“−+”代表效力值随时间由低到高变化，“+−”代表效力值随时间由高到低变化。
“−−”代表效力值在这段时间内一直较低，“++”代表效力值在这段时间内一直较高。

6.5 本章小结

本章验证说服力的中介机制，旨在解释 Why。具体分为两个步骤：第一，测量说服力。首先对 2297 个直播视频打标签，为每一个视频赋予 1~7 分的说服力评分；其次，在检验打标签的准确性后，将训练集、验证集和测试集以 6∶2∶2和 8∶1∶1 的分配比例开展训练，应用 GMFN 测量说服力。第二，检验中介效应。将 GMFN 测量的说服力带入 Sobel test 中检验中介效应。需要补充说明的是，在检验中介效应后，还应用 GMFN 的组件之一即 DFG 可视化 12 个变量对说服力的动态异质中介过程。

结果显示：第一，在说服力标签数据集上应用 GMFN 预测说服力实现 81.75%准确率，达到主流水平（如 TFN、RMFN、MFM、MCTN）。第二，Sobel test 结果表明，GMFN 测量的说服力在 12 个变量影响粉丝增量的过程中中介作用显著。第三，基于 DFG 的中介过程可视化显示，文本模态既定时，声音和图像模态的协同性重要。具体到直播视频，就是指：在直播脚本既定时，随时间推进，声音、表情和姿态的协调表现能提升说服力。

7　主播吸粉效果的预测模型

第 4、5、6 章分别验证了 12 个自变量对因变量的影响及其中介机制，解答了 What，解释了 Why。基于二者的内容支撑，本章探索如何基于直播视频预测吸粉效果，解决最后一个研究问题：How。具体有三方面考虑：

第一，细化数据粒度。将 12 个变量分解为 323 维特征，提取更细腻信息，支撑更细致分析。

第二，平衡算力消耗。选用 LSTM 作为预测模型，原因有二：

首先是有效。LSTM 是 GMFN 的组件之一，GMFN 的底层是三个并行的 LSTM，用于分析文本、声音、图像模态，因此，选用 LSTM 就继承了研究 3（说服力的中介机制）模型的有效性。LSTM 优于传统的循环神经网络（Recurrent Neural Network，RNN）和隐马尔可夫模型（Hidden Markov Model，HMM），能够在时间序列中处理和预测具有长间隔和延迟的重要信息。

其次是算力。LSTM 作为一种轻计算模型，参数较少，算力消耗较少，业界使用时运行速度更快、运营成本更低。

第三，充分对比甄选。基于 LSTM，进行四方面对比尝试：①单模态 vs. 多模态；②数据对齐 vs. 数据非对齐；③数据融合 vs. 数据非融合；④早期融合 vs. 晚期融合。结果显示，EF-LSTM（Early Fusion LSTM，早期融合长短时记忆网络）表现最优，实现 66.2%的预测准确率。业界在应用 EF-LSTM 时，在输入数据中加入或在全连接层增加对应的“人、货、场”控制变量，可提升预测准确率，经测试可达 90%以上。

7.1　模型介绍

LSTM 是一种特殊的循环神经网络 RNN。它由 Hochreiter & Schmidhuber（1997）提出，以克服 RNN 中的长期依赖问题。根据数据融合的方式，LSTM 可以分为早期融合（early fusion LSTM，EF－LSTM）和晚期融合（late fusion LSTM，LF－LSTM）两种。EF－LSTM 需要将文本、声音、图像单模态特征融合到一个特征序列，再输入 LSTM，因此需要三模态数据对齐。而 LF－LSTM 则是后期融合单模态 LSTM 输出，因此不需要数据对齐。三模态数据对齐采用基于神经网络的时序类分类方法（Connectionist Temporal Classification，CTC）。

7.1.1 LSTM 模型

Hochreiter & Schmidhuber（1997）通过在单元中引入“门”来提高标准以提升单元的记忆能力。“门”是一种有选择性地传递信息的结构，它由一个 sigmoid 函数和一个点积运算组成。sigmoid 函数的输出值在 0～1 的范围内，0 表示完全丢弃，1 表示完全通过。LSTM 有遗忘门、输入门和输出门几种。

遗忘门。遗忘门可以决定将哪些信息从单元状态中丢弃，它是一个 sigmoid 函数，其中前一个单元的输出 h_{t-1} 和这个单元的输入 x_t 将作为总的输入。它为 C_{t-1} 中的每一项生成一个 0 到 1 之间的值（可以看作是一个概率值），以控制上一个单元的状态被遗忘的程度。LSTM 遗忘门结构详见图 7－1。

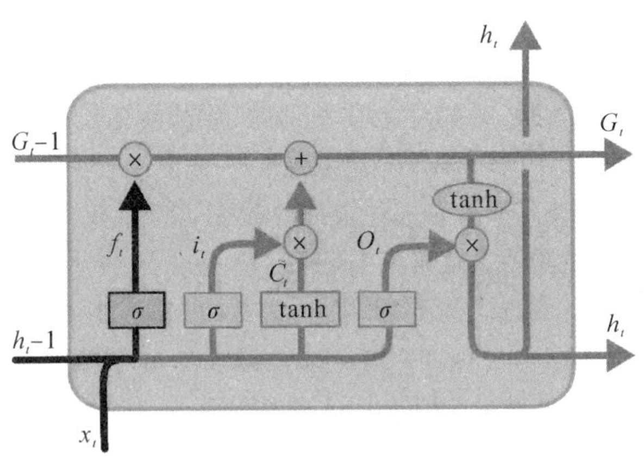

图 7－1　LSTM 遗忘门结构

$$\boldsymbol{f}_t = \sigma(W_f[h_{t-1}, \boldsymbol{x}_t] + \boldsymbol{b}_f) \tag{7－1}$$

输入门。LSTM 的第二个门是输入门，它由 sigmoid 层和 tanh 层组成，前者决定更新哪些值，后者创建一个包含新更新值的向量（详见图 7－2）。输入门为 $\tilde{C}_t$ 中的每个项产生一个 0 到 1 的值，控制添加多少新信息，如式（7－2）和（7－3）。

$$\boldsymbol{i}_t = \sigma(W_f[h_{t-1}, \boldsymbol{x}_t] + \boldsymbol{b}_i) \tag{7－2}$$

$$\tilde{C}_t = \tanh\left(W_c[h_{t-1}, \boldsymbol{x}_t] + \boldsymbol{b}_c\right) \tag{7-3}$$

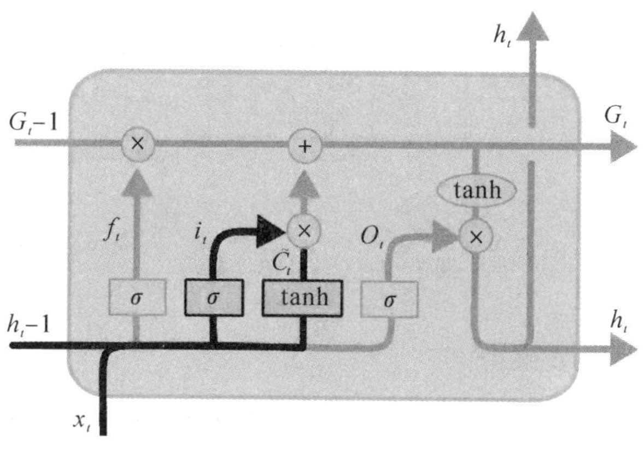

图 7—2　LSTM 输入门结构

输出门。当前状态的输出将基于更新的单元格状态和一个 sigmoid 层来计算，该 sigmoid 层决定单元格状态的哪些部分将是最终输出，如式（7—4）和（7—6）（详见图 7—3）。

$$\boldsymbol{o}_t = \sigma(W_o[h_{t-1}, \boldsymbol{x}_t] + \boldsymbol{b}_o) \tag{7-4}$$

$$h_t = \boldsymbol{o}_t \tanh(C_t) \tag{7-5}$$

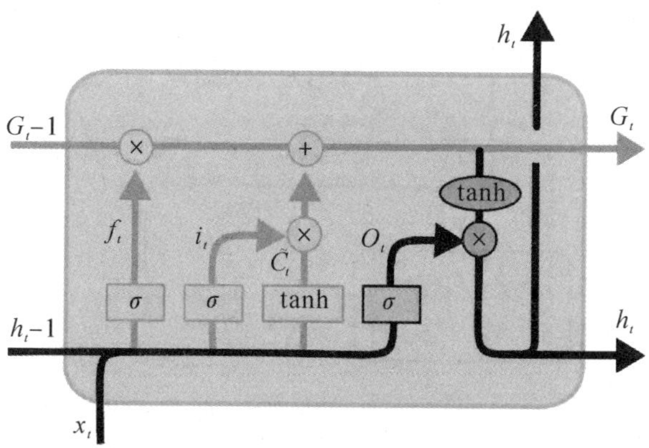

图 7—3　LSTM 输出门结构

其中，$\boldsymbol{o}_t$是由 sigmoid 激活函数计算而来，将数字压缩到范围（0，1）；tanh 是双曲正切激活函数，将数字压缩到范围（−1，1）；W_f、W_i、W_c、W_o是权重矩阵；x_t是输入向量；h_{t-1}表示过去的隐藏状态；b_f、b_i、b_c、b_o是偏置向量。LSTM 总体结构详见图 7—4。

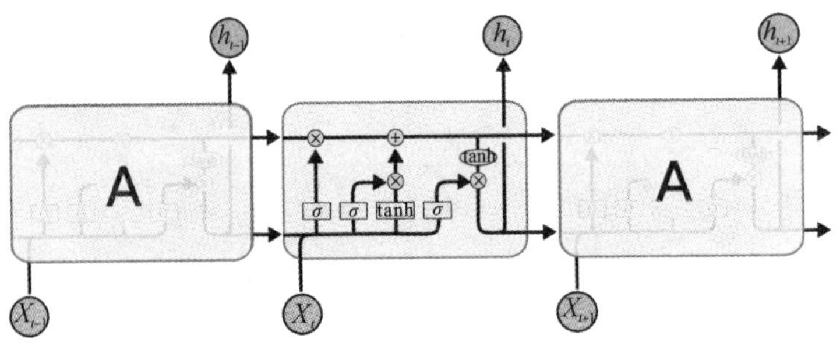

图 7-4　LSTM 总体结构

7.1.2　EF-LSTM 模型

在早期融合方法中，来自三种模态的特征在输入级别上便被连接起来共同作为双向 LSTM（Bidirectional LSTM，BiLSTM）的输入向量。BiLSTM 增加了可用上下文信息的数量。其原理是同时使用前向传递和后向传递，例如一个视频片段，同时将特征视为有意义的顺序。EF-LSTM 首先连接所有的传感器编码（Ramanishka et al.，2018），并将它作为 LSTM 的输入，比如（$X=\{x_1, x_2, x_3 \cdots x_t\}$），其中，$x_t=(s^1 \oplus s^2 \cdots s^i \oplus s^j \cdots s^M)$。EF-LSTM 单元如图 7-5 所示，总体结构如图 7-6 所示。

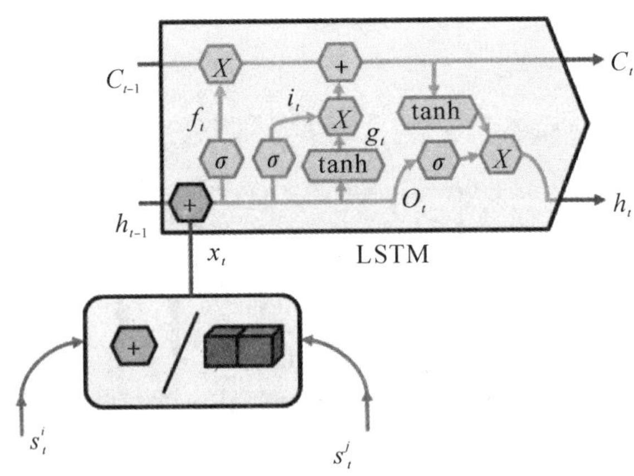

图 7-5　EF-LSTM 单元

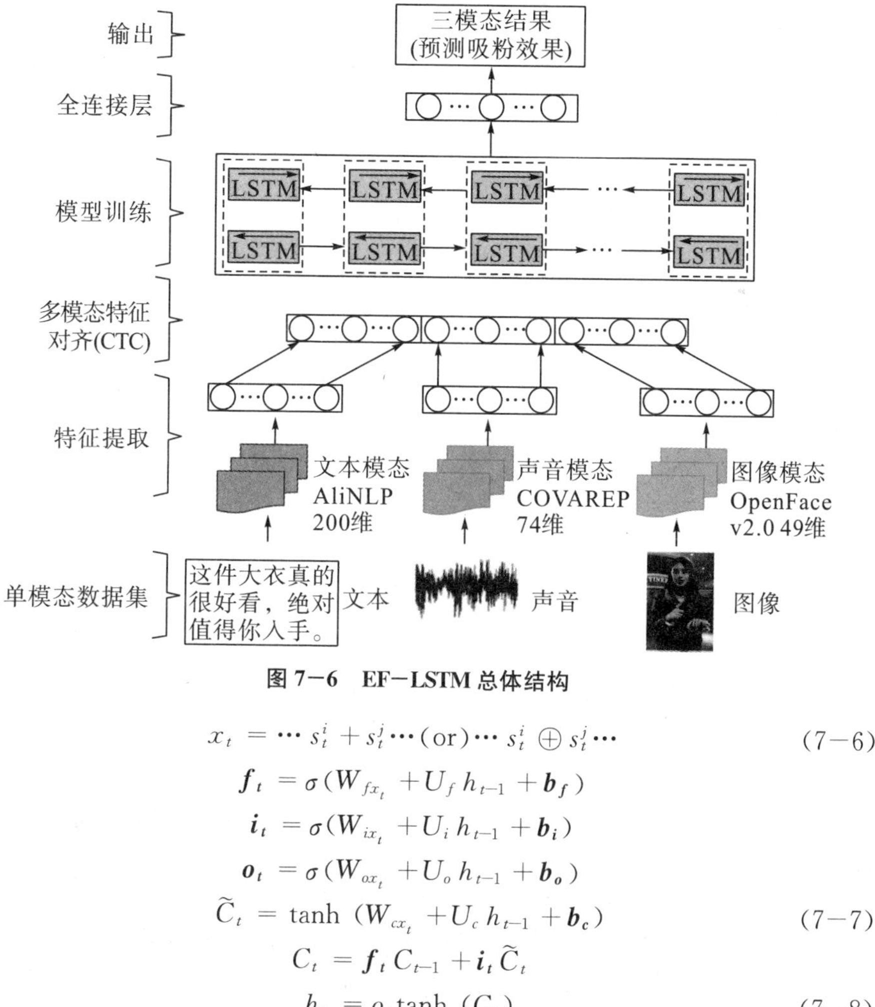

图 7-6　EF-LSTM 总体结构

$$x_t = \cdots s_t^i + s_t^j \cdots (\text{or}) \cdots s_t^i \oplus s_t^j \cdots \tag{7-6}$$

$$\boldsymbol{f}_t = \sigma(W_{fx_t} + U_f h_{t-1} + \boldsymbol{b}_f)$$

$$\boldsymbol{i}_t = \sigma(W_{ix_t} + U_i h_{t-1} + \boldsymbol{b}_i)$$

$$\boldsymbol{o}_t = \sigma(W_{ox_t} + U_o h_{t-1} + \boldsymbol{b}_o)$$

$$\widetilde{C}_t = \tanh\ (W_{cx_t} + U_c h_{t-1} + \boldsymbol{b}_c) \tag{7-7}$$

$$C_t = \boldsymbol{f}_t C_{t-1} + \boldsymbol{i}_t \widetilde{C}_t$$

$$h_t = o_t \tanh\ (C_t) \tag{7-8}$$

7.1.3　LF-LSTM 模型

在晚期融合方法中，LF-LSTM 把未对齐的特征进行融合，因为它将三个模态的最后输出进行特征拼接。为了说明，总共使用 M 个不同的 LSTM 单元。对于每个模态计算单独的遗忘、输入、输出和单元状态。LF-LSTM 单元如图 7-7 所示，总体结构如图 7-8 所示。

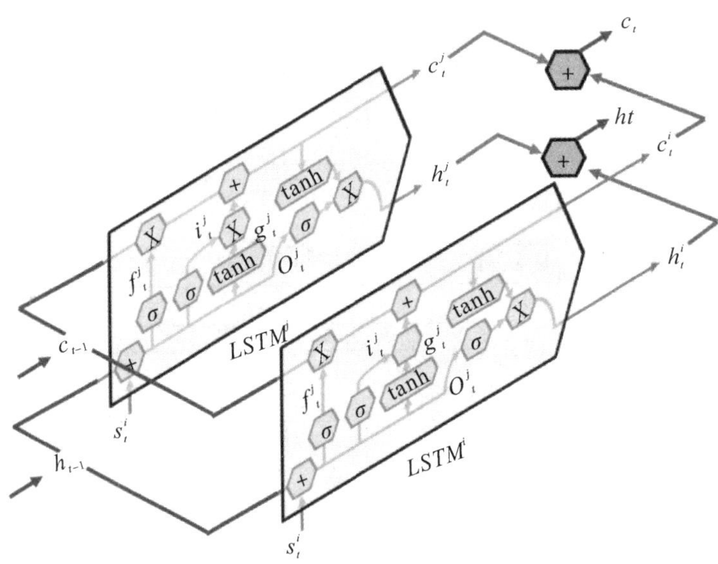

图 7−7　LF−LSTM 单元

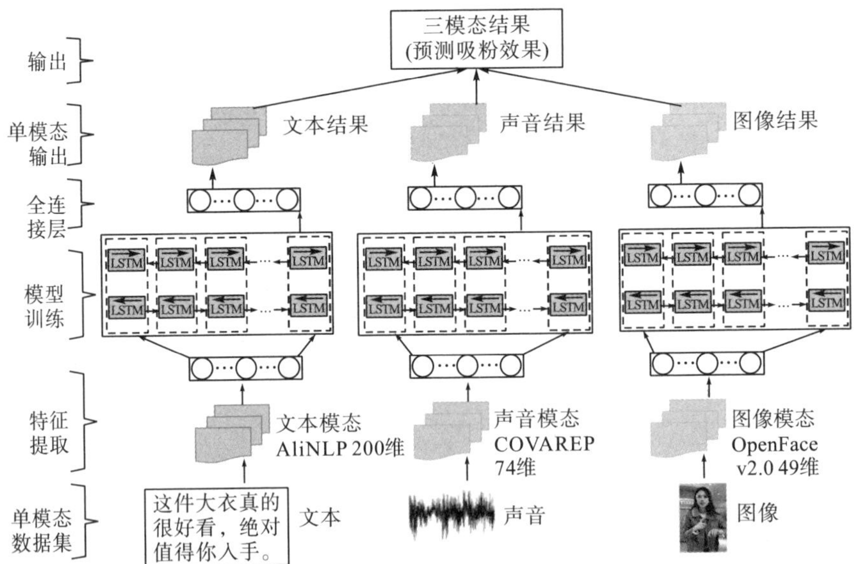

图 7−8　LF−LSTM 总体结构

$$
\begin{aligned}
\boldsymbol{f}_t^i &= \sigma(W_f^i x_t^i + U_f^i h_{t-1} + \boldsymbol{b}_f^i) \\
\boldsymbol{i}_t^i &= \sigma(W_i^i x_t^i + U_i^i h_{t-1} + \boldsymbol{b}_i^i) \\
\boldsymbol{o}_t^i &= \sigma(W_o^i x_t^i + U_o^i h_{t-1} + \boldsymbol{b}_o^i) \\
\widetilde{C}_t &= \tanh(W_c^i x_t^i + U_c h_{t-1} + b_c^i)
\end{aligned}
\tag{7−9}
$$

$$C_t^i = f_t^i C_{t-1} + i_t^i \widetilde{C}_t^i$$

$$h_t^i = o_t^i \tanh(c_t^i) \tag{7-10}$$

$$C_t = \sum_{i=1}^{M} c_t^i, h_t = \sum_{i=1}^{M} h_t^i \tag{7-11}$$

其中，对每个门的输入空间进行变换的权值 W、U_* 和偏置 b_* 对于每个模态都是唯一的，但在时间上是共享的。

7.2 建立模型

将 12 个变量（粗粒度，coarse－grained）分解为 323 维特征（细粒度，fine－grained），以此作为模型输入，构建文本、声音、图像的单模态 LSTM、多模态 EF－LSTM 和多模态 LF－LSTM 模型。

7.2.1 特征说明

文本特征通过调用阿里云 API 接口提取，共获得 200 维词向量；声音特征通过 COVAREP 提取，共获得 74 维特征；图像特征通过 OpenFace2.0 提取，共获得 49 维特征。三模态共计 323 维特征输入 LSTM 中以预测吸粉效果。

7.2.2 模型参数

LSTM 有 6 个常规参数，具体如下：

input _ size：输入特征维数，即每一行输入元素的个数，输入的是一维向量。

num _ layers：LSTM 堆叠层数，默认值为 1，若设置为 2，第二个 LSTM 接收第一个 LSTM 的计算结果。

bias：隐层状态是否带偏移值，默认为 true。

batch _ size：每个 batch 的样本数。

dropout：其他 RNN 层后面加 dropout 层，默认值为 0。

bidirectional：是否为双向 RNN，默认为 false，若为 true，则 num _ direction=2，否则为 1。

此外，还设置了 5 个模型训练超参数，具体如下：

use _ cv：是否使用控制变量。

lr：学习率。

patience：学习率衰减耐心次数。

factor：学习率衰减速率。

epochs：迭代次数。

12 个参数的具体设置详见表 7－1。

表 7－1　LSTM 参数

参数	设置值	注解
input _ size	323	输入特征维数
num _ layers	2	LSTM 堆叠层数
bias	true	隐层状态是否带偏移值
batch _ size	16	每个 batch 的样本数
dropout	0	其他 RNN 层后面加 dropout 层
bidirectional	true	是否为双向 RNN
use _ cv	false	是否使用控制变量
lr	0.001	学习率
patience	4	学习率衰减耐心次数
factor	0.5	学习率衰减速率
epochs	40	迭代次数

7.3　结果分析

LSTM 模型结果如表 7－2 所示。首先，表格的第 3、4、5 行展示了文本、声音、图像的非融合单模态模型结果。结果显示，图像模态优于文本模态和声音模态的模型表现，因为图像模态的 MSE 值最小，Corr 值最大。其次，无论是早期融合还是晚期融合，多模态 LSTM 模型表现都优于单模态 LSTM 模型表现。最后，与三模态数据非对齐的 LF－LSTM 相比，三模态数据对齐的 EF－LSTM表现更加精准，比前者的准确率提升了 16.7%。总的来讲，在 5 个吸粉效果预测模型中，三模态数据对齐的 EF－LSTM 表现最佳，准确率为 66.2%，并且 MSE 值和 MAE 值最小，比表现最差的文本模态 LSTM 的准确率提升了 41.2%。从模型的收敛性示意图（图 7－9）中也可以看出，EF－LSTM 在训练中收敛最快，表现最优。

表 7－2 LSTM 模型结果

Method	Modalities			Alignment	MSE	MAE	Corr
	Text	Audio	Image				
LSTM	√			NA*	0.00033	0.0116	0.250
		√		NA	0.00028	0.0108	0.375
			√	NA	0.00026	0.0109	0.433
LF－LSTM	√	√	√	×	0.00026	0.0103	0.495
EF－LSTM	√	√	√	√	0.00019	0.0089	0.662

注：* 表示 LSTM 不需要额外的对齐模块。

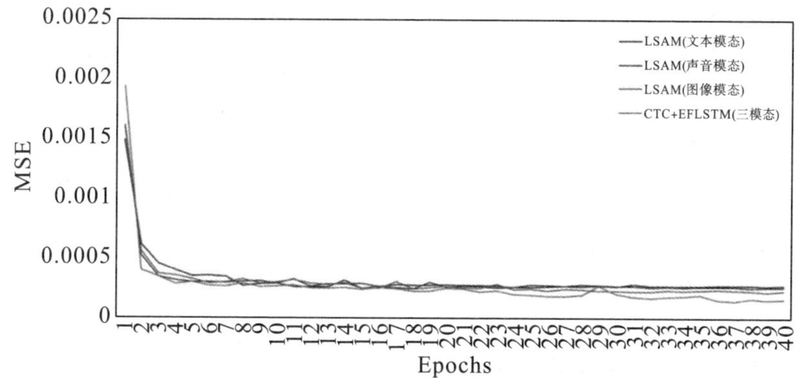

图 7－9 LSTM 模型收敛性

注：由于 LF－LSTM 的结果是文本模态 LSTM、声音模态 LSTM 和图像模态 LSTM 预测结果的平均值，因此没有显示 LF－LSTM 的损失值。

7.4 应用策略

通过比较一系列 LSTM 模型，本章为业界提供了一个端到端（end－to－end）的吸粉预测模型。在实际运用时，业界只需要输入原始视频，让模型自己学习特征，最后直接输出预测结果即可。与非端到端模型相比，端到端通过缩减人工预处理和后续处理，一方面减少了人力投入，减少了企业使用难度；另一方面使模型从原始输入到最终输出，给模型更多可以根据数据自动调节的空间，增加模型的整体契合度。

EF－LSTM 实现了 66.2%的预测准确率，在构建模型时仅考虑了主播个人因素，未放入其他的营销变量，例如产品品类、产品品牌、价格促销、市场竞争等。由于这些变量都是结构化的数据，企业在应用此 EF－LSTM 时，在输入数据中加入或在全连接层增加对应的“人、货、场”控制变量，可提升预测准确率，经测试可达 90％以上。

7.5 本章小结

基于 What 和 Why 的研究内容（第 4、5、6 章研究结果），本章进一步探讨了吸粉效果预测模型，以解决最后一个问题：How。

具体来说：首先，细化数据粒度，将 12 个变量分解为 323 维特征；其次，平衡算力消耗，选用 LSTM 作为预测模型，一是继承 GMFN 模型的有效性，二是减少算力消耗；最后，充分对比甄选，经过四方面对比尝试（单模态 vs. 多模态；数据对齐 vs. 数据非对齐；数据融合 vs. 非融合；早期融合 vs. 晚期融合），选择 EF－LSTM 作为最优的吸粉效果预测模型。结果显示：

第一，模型结果。三模态数据对齐的 EF－LSTM 表现最优，准确率为 66.2％，比表现最差的文本单模态 LSTM 准确率高出 41.2％，比三模态数据未对齐的 LF－LSTM 准确率高出 16.7％。

第二，应用策略。EF－LSTM 为业界提供了一个端到端（end－to－end）的吸粉预测模型。业界只需直接输入视频，让模型自己学习特征，最终得到输出结果。此外，业界在应用此 EF－LSTM 时，在模型的全连接层加入对应的“人、货、场”控制变量，可提升预测准确率，经测试可达 90％以上。

8　研究总结

本章有四部分内容：汇总研究结果、总结研究结论、阐明研究启示和分析研究局限。

研究结果。①What：在直播视频中，影响吸粉效果的自变量有 12 个。其中，语言情感、比喻语言、眼神注视、重复深度、声音音高、流畅程度、声音语速显著正向影响吸粉效果，身体前倾、声音响度、面部表情、头部朝向、重复广度显著负向影响吸粉效果。②Why：说服力是 12 个自变量影响吸粉效果的中介变量。③How：综合考虑模型有效和算力消耗，选择 EF－LSTM 作为吸粉效果预测模型，并细化数据粒度以提升预测准确率。

研究结论。①What：主播以积极情感表达比喻语言，对重点信息流利地进行强调，语速较快、音高较高、眼神注视较多会吸引粉丝；相反，当主播表现出过度的身体前倾和头部朝向，音量较大地重复过多内容且面部表情过于积极时反而不利于吸粉。②Why：说服力的中介过程显示，在直播脚本既定时，随时间推进，声音、表情和姿态的协调表现能提升说服力。③How：EF－LSTM 为业界提供了一个端到端（end－to－end）的吸粉预测模型，在应用时，在输入数据中加入或在全连接层增加对应的“人、货、场”控制变量，可将预测准确率提升至 90％以上。

研究启示。①有利于业界明晰吸粉效果的影响因素，制定精准的吸粉策略。②有利于业界理解吸粉效果的作用机制，提升主播的说服力技能。③为业界预测吸粉效果提供一个机器学习模型。④混合方法的使用，为学界分析视频数据、业界分析吸粉效果提供参考。

研究局限。本书只应用 AI Analytics（计算机视觉和多模态机器学习），没有应用 AIGC（AI Generated Content，AI 生成内容），以自动生成文本、声音、图像，最终合成为视频，为人类主播提供更直观的营销建议，甚至替代人类主播开展直播。

8.1 研究结果

对应前言中提到的三个问题：（What）直播视频中吸粉效果的影响因素有哪些？（Why）这些因素影响吸粉效果的中介机制是什么？（How）如何基于直播视频预测吸粉效果？总结研究结果如下：

（1）What：直播视频中吸粉效果的影响因素有哪些？

结合直播视频和说服知识理论，基于三种因素筛选出12个自变量：情感说服变量（语言情感、面部表情、眼神注视、声音音高）、认知说服变量（重复广度、重复深度、比喻语言）、技巧知识说服变量（身体前倾、头部朝向、流畅程度、声音语速、声音响度）。

通过文献回顾，推导出12个自变量影响粉丝增量的研究假设1、2、3，均得到验证。首先，采用定性访谈，从观众心理探索，定性验证了12个自变量；其次，采用机器学习经典方法组合（XGBoost+SHAP）评估了12个变量的重要性；最后，采用计量模型检验了12个变量的显著性。定性访谈、机器学习、计量模型的结果一致，证明了假设1、2、3的检验结果具有稳健性。

（2）Why：这些因素影响吸粉效果的中介机制是什么？

说服力在12个变量影响粉丝增量的过程中起中介作用，假设4得到验证。首先，对2297个直播视频打标签，为每一个视频赋予1～7分的说服力评分；其次，在检验打标签的准确性后，将训练集、验证集和测试集以6∶2∶2和8∶1∶1的分配比例开展训练，应用GMFN测量说服力；再次，将GMFN测量的说服力带入Sobel test中检验中介效应，结果显示说服力的中介作用显著；最后，应用GMFN内置组件DFG可视化12个自变量对说服力的动态异质中介过程，结果显示，文本模态既定时，声音和图像模态的协同性较重要。

（3）How：如何基于直播视频预测吸粉效果？

基于What和Why的研究内容，进一步探讨吸粉效果的预测模型，以解决前言中提到的最后一个问题：How。具体来说，选用LSTM作为预测模型，并进行了四点对比尝试以选择最优模型：单模态vs.多模态；数据对齐vs.数据非对齐；数据融合vs.数据非融合；早期融合vs.晚期融合。结果显示，EF−LSTM表现最优，准确率为66.2%，比最差的文本模态LSTM准确率提升了41.2%，比三模态数据未对齐的LF−LSTM准确率提升了16.7%。

8.2 研究结论

对研究结果进行总结分析，得出研究结论如下：

（1）What：直播视频中吸粉效果的影响因素有哪些？

XGBoost 和 SHAP 的结果表明，12 个变量都与粉丝增量之间存在相关关系，重要程度排序靠前的主要是声音和图像变量。这说明在吸引粉丝方面，与主播说话的直播脚本相比，主播的声音特征和动作姿态更为重要。计量模型的结果显示，语言情感、比喻语言、眼神注视、重复深度、声音音高、流畅程度、声音语速显著正向影响粉丝增量。这表明，当主播以积极的语言情感表达比喻语言，对重点信息流利地进行强调，并使用较快的声音、较大的音量和频繁的眼神注视时会吸引更多粉丝。与之相反，身体前倾、声音响度、面部表情、头部朝向、重复广度显著负向影响粉丝增量。这表明，当主播表现出过度的身体前倾和头部朝向，声音较大地重复过多内容，并且面部表情过于积极时反而不利于吸粉。

（2）Why：这些因素影响吸粉效果的中介机制是什么？

12 个吸粉变量通过作用于主播说服力进而对吸粉效果产生影响。Sobel test 的结果显示，说服力的中介效应显著。其中，声音音高、重复深度、比喻语言、身体前倾、头部朝向、声音语速和声音响度与说服力显著正相关，说明主播声音较高、语速较快且音量较大，适当使用比喻和重复语言，再搭配一些肢体和头部朝向能有效地提升说服力。相反，语言情感、面部表情、眼神注视、重复广度和流畅程度与说服力显著负相关，说明主播过多的情感流露（包括语言情感和面部表情），以及太流利地重复过多内容反而会削弱观众对其的说服力感知。此外，基于 DFG 的中介过程可视化显示，只考察单一模态对说服力的影响时，文本、声音、图像模态的变量都很重要；然而，当考察两模态融合时，随时间推进，“文本＋声音”和“文本＋图像”融合的重要性逐渐降低，“声音＋图像”融合的重要性逐渐增强。具体到直播视频，就是指：在直播脚本既定时，随时间推进，声音、表情和姿态的协调表现能提升说服力。

（3）How：如何基于直播视频预测吸粉效果？

综合考虑模型有效和算力消耗，选择 EF－LSTM 作为端到端的（end－to－end）吸粉效果预测模型，并细化数据粒度以提升预测准确率。具体操作时，直接输入视频，让模型自己学习特征，最终得到输出结果。此外，该模型提供了一个仅考虑主播个人因素的基础模型，业界在应用此 EF－LSTM 时，在输入数据中加入或在全连接层增加对应的“人、货、场”控制变量，可提升预测准确率，经测试可达90%以上。

8.3 研究启示

将研究结论转换为业界建议，构成研究启示如下：

第一，有利于业界明晰吸粉效果的影响因素，制定精准的吸粉策略。在每场直播中，影响吸粉效果的因素除了相对固定的“人、货、场”外，主要取决于面部表情、重复强调、身体前倾等与主播说服力紧密相关的因素。然而这些因素比较抽象，又涉及非结构化数据，对算力、算法、算据要求较高，构成了学界的分析障碍和业界的实操难点。研究吸粉效果的影响因素能为业界提供量化指导，有利于帮助主播改进吸粉表现，提升吸粉技能，掌握竞争能力。

第二，有利于业界理解主播吸粉的作用机制，提升主播说服力技能。已有的研究多探索心理变量在直播观众行为中的中介机制，依赖于软数据，难以为业界提供定量指导。本书在直播视频背景下，构建了说服力的多模态测量方法，不仅验证了说服力的中介效应，还可视化了说服力的中介过程，为业界进一步了解主播吸粉过程提供理论参考，为企业测量主播说服力，提升主播说服技能提供了方法依据。

第三，为业界预测吸粉效果提供一个机器学习模型。选用长短时记忆网络，经过四方面对比尝试，为业界提供了一个端到端（end-to-end）的吸粉预测模型。该模型参数少、算力消耗少、运行速度快、运营成本低，方便业界使用。在应用时，只需输入原始视频，让模型自己学习特征，最终直接输出结果即可。此外，本书提供了一个仅考虑主播个人因素的基础模型，企业在应用时可根据实际业务需求在输入数据中加入或在全连接层增加对应的“人、货、场”控制变量。

第四，定性访谈、计算机视觉和多模态机器学习的混合方法，为学界分析视频数据、业界分析吸粉效果提供参考。如今，企业中的数据都是非结构化的（Harbert，2021），视频数据集成了文本、声音、图像信息（Guo et al.，2019），成为增长最快的非结构化数据形式之一（Yang et al.，2021；Zhang et al.，2019）。本书以直播吸粉视频为数据基础，利用定性访谈分析观众心理，多模态机器学习定量测量心理变量；利用计算机视觉等定量测量行为变量，机器学习方法组合评估行为变量重要性，充分挖掘和利用视频数据信息，还原真实业务场景。这些方法的混合方式，为学界分析视频数据提供了新思路，为业界研究直播问题提供了新方法。

8.4 研究局限

本书在文化差异和技术应用方面有以下两点局限：

第一，文化差异。本书数据来源于中国某短视频社交平台，研究结论仅适用于中国的文化背景，其是否普适于不同文化背景下的直播行业值得在未来研究中再探讨。

第二，技术应用。本书应用 AI Analytics（计算机视觉和多模态机器学习）探索主播吸粉效果，没有应用 AIGC（AI Generated Content，AI 生成内容），以自动生成文本、声音、图像，最终合成为视频，为人类主播提供更直观的营销建议，甚至替代人类主播开展直播。

参考文献

[1] ADAMS J R, KLECK R E. Perceived gaze direction and the processing of facial displays of emotion [J]. Psychological Science, 2003, 14 (6): 644—647.

[2] ADAMS J R, KLECK R E. Effects of direct and averted gaze on the perception of facially communicated emotion [J]. Emotion, 2005, 5 (1): 3.

[3] AHLUWALIA R, BURNKRANT R E. Answering questions about questions: a persuasion knowledge perspective for understanding the effects of rhetorical questions [J]. Journal of Consumer Research, 2004, 31 (1): 26—42.

[4] ALBARRACIN D, SHAVITT S. Attitudes and attitude change [J]. Annual Review of Psychology, 2018, 69 (1): 1—29.

[5] ALPIZAR F, CARLSSON F, JOHANSSON—STENMAN O. Anonymity, reciprocity, and conformity: evidence from voluntary contributions to a national park in Costa Rica [J]. Journal of Public Economics, 2008, 92 (5—6): 1047—1060.

[6] ANG T, WEI S, ANAZA N A. Live streaming vs pre—recorded: how social viewing strategies impact consumers' viewing experiences and behavioral intentions [J]. European Journal of Marketing, 2018, 52 (9/10): 2075—2104.

[7] APPLE W, STREETER L A, KRAUSS R M. Effects of pitch and speech rate on personal attributions [J]. Journal of Personality and Social Psychology, 1979, 37 (5): 715.

[8] ARCHAK N, GHOSE A, IPEIROTIS P G. Deriving the pricing power of product features by mining consumer reviews [J]. Management Science, 2011, 57 (8): 1485—1509.

[9] ARONOVITCH C D. The voice of personality: stereotyped judgments and their relation to voice quality and sex of speaker [J]. The Journal of Social Psychology, 1976, 99 (2): 207—220.

[10] BAEK H, AHN J, CHOI Y. Helpfulness of online consumer reviews: Readers' objectives and review cues [J]. International Journal of Electronic Commerce, 2012, 17 (2): 99—126.

[11] BAGOZZI R P, MOORE D J. Public service advertisements: emotions and empathy guide prosocial behavior [J]. Journal of Marketing, 1994, 58 (1): 56—70.

[12] BALOGH P, BÉKÉSI D, GORTON M, et al. Consumer willingness to pay for traditional food products [J]. Food Policy, 2016, 61: 176—184.

[13] BARDIA Y H, ABED A, MAJID N Z. Investigate the impact of celebrity endorsement on brand image [J]. European Journal of Scientific Research, 2011, 58 (1): 116—132.

[14] BARGE J K, SCHLUETER D W, PRITCHARD A. The effects of nonverbal communication and gender on impression formation in opening statements [J]. Southern Communication Journal, 1989, 54 (4): 330—349.

[15] BARON R M, KENNY D A. The moderator – mediator variable distinction in social psychological research: conceptual, strategic, and statistical considerations [J]. Journal of Personality and Social Psychology, 1986, 51 (6): 1173.

[16] BASKETT G D, FREEDLE R O. Aspects of language pragmatics and the social perception of lying [J]. Journal of Psycholinguistic Research, 1974, 3 (2): 117—131.

[17] BATESON M, NETTLE D, ROBERTS G. Cues of being watched enhance cooperation in a real—world setting [J]. Biology Letters, 2006, 2 (3): 412—414.

[18] BEGG I M, MARTIN L A, NEEDHAM D R. Memory monitoring: how useful is self – knowledge about memory? [J] European Journal of Cognitive Psychology, 1992, 4 (3): 195—218.

[19] BEUKEBOOM C J, KERKHOF P, DEVRIES M. Does a virtual like cause actual liking? How following a brand's Facebook updates enhances

brand evaluations and purchase intention [J]. Journal of Interactive Marketing, 2015, 32 (1): 26—36.

[20] BOCHNER S, INSKO C A. Communicator discrepancy, source credibility, and opinion change [J]. Journal of Personality and Social Psychology, 1996, 4 (6): 614.

[21] BOERMAN S C, VAN REIJMERSDAL E A, NEIJENS P C. Sponsorship disclosure: effects of duration on persuasion knowledge and brand responses [J]. Journal of Communication, 2012, 62 (6): 1047—1064.

[22] BONACCIO S, O'REILLY J, O'SULLIVAN S L, et al. Nonverbal behavior and communication in the workplace: a review and an agenda for research [J]. Journal of Management, 2016, 42 (5): 1044—1074.

[23] BROOM A. Using qualitative interviews in CAM research: a guide to study design, data collection and data analysis [J]. Complementary Therapies in Medicine, 2005, 13 (1): 65—73.

[24] BROWN B L, STRONG W J, RENCHER A C. Perceptions of personality from speech: effects of manipulations of acoustical parameters [J]. The Journal of the Acoustical Society of America, 1973, 54 (1): 29—35.

[25] BROWN B L, STRONG W J, RENCHER A C. Fifty—four voices from two: the effects of simultaneous manipulations of rate, mean fundamental frequency, and variance of fundamental frequency on ratings of personality from speech [J]. The Journal of the Acoustical Society of America, 1974, 55 (2): 313—318.

[26] BROWN S P, STAYMAN D M. Antecedents and consequences of attitude toward the ad: a meta—analysis [J]. Journal of Consumer Research, 1992, 19 (1): 34—51.

[27] BROWN T, MANN B, RYDER N, et al. Language models are few—shot learners [J]. Advances in Neural Information Processing Systems, 2020, 33: 1877—1901.

[28] BULLER D B, LEPOIRE B A, AUNE R K, et al. Social perceptions as mediators of the effect of speech rate similarity on compliance [J]. Human Communication Research, 1992, 19: 286—286.

[29] BURGERS C, KONIJN E A, STEEN G J, et al. Making ads less complex, yet more creative and persuasive: the effects of conventional metaphors and irony in print advertising [J]. International Journal of Advertising, 2015, 34 (3): 515—532.

[30] BURGOON J K. Attributes of the newscaster's voice as predictors of his credibility [J]. Journalism Quarterly, 1978, 55 (2): 276—300.

[31] BURGOON J K, BERGER C R, WALDRON V R. Mindfulness and interpersonal communication [J]. Journal of Social Issues, 2000, 56 (1): 105—127.

[32] BURGOON J K, BIRK T, PFAU M. Nonverbal behaviors, persuasion, and credibility [J]. Human Communication Research, 1990, 17 (1): 140—169.

[33] BURGOON J K, KELLEY D L, NEWTON D A, et al. The nature of arousal and nonverbal indices [J]. Human Communication Research, 1989, 16 (2): 217—255.

[34] BURROUGHS N F. A reinvestigation of the relationship of teacher nonverbal immediacy and student compliance—resistance with learning [J]. Communication Education, 2007, 56 (4): 453—475.

[35] BURT S, SPARKS L. E—commerce and the retail process: a review [J]. Journal of Retailing and Consumer Services, 2003, 10 (5): 275—286.

[36] CAMPBELL M C, KIRMANI A. Consumers' use of persuasion knowledge: the effects of accessibility and cognitive capacity on perceptions of an influence agent [J]. Journal of Consumer Research, 2000, 27 (1): 69—83.

[37] CAÑIGUERAL R, HAMILTON A F. Being watched: effects of an audience on eye gaze and prosocial behaviour [J]. Acta Psychologica, 2019, 195: 50—63.

[38] CAO X, JIA L. The effects of the facial expression of beneficiaries in charity appeals and psychological involvement on donation intentions: Evidence from an online experiment [J]. Nonprofit Management and Leadership, 2017, 27 (4): 457—473.

[39] CASALÓ L V, FLAVIÁN C, IBÁÑEZ—SÁNCHEZ S. Antecedents of

consumer intention to follow and recommend an instagram account [J]. Online Information Review, 2017, 41 (7): 1046-1063.

[40] CASALÓ L V, FLAVIÁN C, IBÁÑEZ-SÁNCHEZ S. Influencers on instagram: antecedents and consequences of opinion leadership [J]. Journal of Business Research, 2020, 117: 510-519.

[41] CHAIKEN S. Communicator physical attractiveness and persuasion [J]. Journal of Personality and Social Psychology, 1979, 37 (8): 1387.

[42] CHAN K, LEUNG NG Y, LUK E K. Impact of celebrity endorsement in advertising on brand image among Chinese adolescents [J]. Young Consumers, 2013, 14 (2): 167-179.

[43] CHATTOPADHYAY A, DAHL D W, RITCHIE R J, et al. Hearing voices: the impact of announcer speech characteristics on consumer response to broadcast advertising [J]. Journal of Consumer Psychology, 2003, 13 (3): 198-204.

[44] CHEHREH CHELGANI S, NASIRI H, ALIDOKHT M. Interpretable modeling of metallurgical responses for an industrial coal column flotation circuit by XGBoost and SHAP-A "conscious-lab" development [J]. International Journal of Mining Science and Technology, 2021, 31 (6): 1135-1144.

[45] CHENG J T, TRACY J L, HO S, et al. Listen, follow me: dynamic vocal signals of dominance predict emergent social rank in humans [J]. Journal of Experimental Psychology: General, 2016, 145 (5): 536.

[46] CHEUNG M Y, LUO C, SIA C L, et al. Credibility of electronic word-of-mouth: informational and normative determinants of on-line consumer recommendations [J]. International Journal of Electronic Commerce, 2009, 13 (4): 9-38.

[47] CHO K, COURVILLE A, BENGIO Y. Describing multimedia content using attention-based encoder-decoder networks [J]. IEEE Transactions on Multimedia, 2015, 17 (11): 1875-1886.

[48] CHOMSKY N. Logical structure in language [J]. Journal of the American Society for Information Science, 1957, 8 (4): 284.

[49] CHUNG S, CHO H. Fostering parasocial relationships with celebrities on social media: implications for celebrity endorsement [J]. Psychology &

Marketing, 2017, 34 (4): 481—495.

[50] CLARK J K, WEGENER D T, HABASHI M M, et al. Source expertise and persuasion: the effects of perceived opposition or support on message scrutiny [J]. Personality and Social Psychology Bulletin, 2012, 38 (1): 90—100.

[51] COKER D A, BURGOON J. The nature of conversational involvement and nonverbal encoding patterns [J]. Human Communication Research, 1987, 13 (4): 463—494.

[52] COLLINS S A, MISSING C. Vocal and visual attractiveness are related in women [J]. Animal Behaviour, 2003, 65 (5): 997—1004.

[53] COOK M. Anxiety, Speech disturbances and speech rate [J]. British Journal of Social and Clinical Psychology, 1969, 8 (1): 13—21.

[54] CUI A S, WU F. Utilizing customer knowledge in innovation: Antecedents and impact of customer involvement on new product performance [J]. Journal of the Academy of Marketing Science, 2016, 44: 516—538.

[55] DING X, IIJIMA J, HO S. Unique features of mobile commerce [J]. Journal of Electronic Science and Technology of China, 2004, 2 (3): 205—210.

[56] DJAFAROVA E, RUSHWORTH C. Exploring the credibility of online celebrities' Instagram profiles in influencing the purchase decisions of young female users [J]. Computers in Human Behavior, 2017, 68: 1—7.

[57] DYCK E J, COLDEVIN G. Using positive vs. Negative photographs for third—world fund raising [J]. Journalism Quarterly, 1992, 69 (3): 572—579.

[58] EASLEY D, KLEINBERG J. Networks, crowds, and markets: reasoning about a highly connected world [J]. Journal of the Royal Statistical Society Series A, 2012, 175 (4): 1073.

[59] EKSTRÖM M. Do watching eyes affect charitable giving? Evidence from a field experiment [J]. Experimental Economics, 2012, 15: 530—546.

[60] ERDOGAN B Z. Celebrity endorsement: a literature review [J]. Journal of Marketing Management, 1999, 15 (4): 291—314.

[61] ERICKSON B, LIND E A, JOHNSON B C, et al. Speech style and impression formation in a court setting: the effects of "powerful" and "powerless" speech [J]. Journal of Experimental Social Psychology, 1978, 14 (3): 266-279.

[62] ERNEST-JONES M, NETTLE D, BATESON M. Effects of eye images on everyday cooperative behavior: a field experiment [J]. Evolution and Human Behavior, 2011, 32 (3): 172-178.

[63] FABIJAŃSKA A. Segmentation of corneal endothelium images using a U-Net-based convolutional neural network [J]. Artificial Intelligence in Medicine, 2018, 88: 1-13.

[64] FAIRBANKS G, PRONOVOST W. An experimental study of the pitch characteristics of the voice during the expression of emotion [J]. Communications Monographs, 1939, 6 (1): 87-104.

[65] FATHI A, ABDALI-MOHAMMADI F. Camera-based eye blinks pattern detection for intelligent mouse [J]. Signal, Image And Video Processing, 2015, 9: 1907-1916.

[66] FEARING F. The problem of metaphor [J]. Southern Journal of Communication, 1963, 29 (1): 47-55.

[67] FEIN S. Effects of suspicion on attributional thinking and the correspondence bias [J]. Journal of Personality and Social Psychology, 1996, 70 (6): 1164.

[68] FELDSTEIN S, DOHM F A, CROWN C L. Gender and speech rate in the perception of competence and social attractiveness [J]. The Journal of Social Psychology, 2001, 141 (6): 785-806.

[69] FENNIS B M, STEL M. The pantomime of persuasion: fit between nonverbal communication and influence strategies [J]. Journal of Experimental Social Psychology, 2011, 47 (4): 806-810.

[70] FICHTER K. E-commerce: sorting out the environmental consequences [J]. Journal of Industrial Ecology, 2002, 6 (2): 25-41.

[71] FRANCEY D, BERGMÜLLER R. Images of eyes enhance investments in a real-life public good [J]. PLoS One, 2012, 7 (5): 1-7.

[72] FRICK R W. Communicating emotion: the role of prosodic features [J]. Psychological Bulletin, 1985, 97 (3): 412.

[73] FRIESTAD M, WRIGHT P. Persuasion knowledge: lay people's and researchers' beliefs about the psychology of advertising [J]. Journal of Consumer Research, 1995, 22 (1): 62−74.

[74] FUJIHARA. Effects of speech rate and hand gesture on attitude change and impression formation [J]. Japanese Journal of Psychology, 1986, 57 (4): 200−206.

[75] GANGESHWER D K. E−commerce or internet marketing: a business review from indian context [J]. International Journal of U−and e−Service, Science and Technology, 2013, 6 (6): 175−182.

[76] GIANNAKOPOULOS T. pyAudioAnalysis: an open−source python library for audio signal analysis [J]. PloS One, 2015, 10 (12): 1−17.

[77] GILBERT D T, PELHAM B W, KRULL D S. On cognitive busyness: when person perceivers meet persons perceived [J]. Journal of Personality and Social Psychology, 1988, 54 (5): 733.

[78] GOLDBERG M E, HARTWICK J. The effects of advertiser reputation and extremity of advertising claim on advertising effectiveness [J]. Journal of Consumer Research, 1990, 17 (2): 172−179.

[79] GUO J, SONG B, ZHANG P, et al. Affective video content analysis based on multimodal data fusion in heterogeneous networks [J]. Information Fusion, 2019, 51: 224−232.

[80] GUO Y, LI B, BEN X, et al. A magnitude and angle combined optical flow feature for microexpression spotting [J]. IEEE MultiMedia, 2021, 28 (2): 29−39.

[81] HALEY K J, FESSLER D M. Nobody's watching? Subtle cues affect generosity in an anonymous economic game [J]. Evolution and Human Behavior, 2005, 26 (3): 245−256.

[82] HARTMANN J, HUPPERTZ J, SCHAMP C, et al. Comparing automated text classification methods [J]. International Journal of Research in Marketing, 2019, 36 (1): 20−38.

[83] HARTMANN T, GOLDHOORN C. Horton and Wohl revisited: exploring viewers' experience of parasocial interaction [J]. Journal of Communication, 2011, 61 (6): 1104−1121.

[84] HATFIELD E, CACIOPPO J T, RAPSON R L. Emotional contagion

[J]. Current Directions in Psychological Science, 1993, 2 (3): 96-100.

[85] HE K, ZHANG X, REN S, et al. Spatial pyramid pooling in deep convolutional networks for visual recognition [J]. IEEE Transactions on Pattern Analysis and Machine Intelligence, 2015, 37 (9): 1904-1916.

[86] HEMSLEY G D, DOOB A N. The effect of looking behavior on perceptions of a communicator's credibility1 [J]. Journal of Applied Social Psychology, 1978, 8 (2): 136-142.

[87] HOCHREITER S, SCHMIDHUBER J. Long short-term memory [J]. Neural Computation, 1997, 9 (8): 1735-1780.

[88] HOLLIEN H, SHIPP T. Speaking fundamental frequency and chronologic age in males [J]. Journal of Speech and Hearing Research, 1972, 15 (1): 155-159.

[89] JADOUL Y, THOMPSON B, DE BOER B. Introducing Parselmouth: a python interface to praat [J]. Journal of Phonetics, 2018, 71: 1-15.

[90] JIN S A, PHUA J. Following celebrities' tweets about brands: the impact of twitter-based electronic word-of-mouth on consumers' source credibility perception, buying intention, and social identification with celebrities [J]. Journal of Advertising, 2014, 43 (2): 181-195.

[91] JONES B C, FEINBERG D R, DEBRUINE L M, et al. A domain-specific opposite-sex bias in human preferences for manipulated voice pitch [J]. Animal Behaviour, 2010, 79 (1): 57-62.

[92] JORDAN M I, MITCHELL T M. Machine learning: trends, perspectives, and prospects [J]. Science, 2015, 349 (6245): 255-260.

[93] KAPLAN A M, HAENLEIN M. Users of the world, unite! The challenges and opportunities of Social Media [J]. Business Horizons, 2010, 53 (1): 59-68.

[94] KASSING J W, SANDERSON J. "You're the kind of guy that we all want for a drinking buddy": expressions of parasocial interaction on Floydlandis [J]. Western Journal of Communication, 2009, 73 (2): 182-203.

[95] KAUR R, SINGH G. E-commerce (electronic commerce) and libraries: modern scenario [J]. Library Progress (International), 2011, 31 (2): 169-179.

[96] KELSEY C, VAISH A, GROSSMANN T. Eyes, more than other facial features, enhance real-world donation behavior [J]. Human Nature, 2018, 29: 390-401.

[97] KETROW S M. Attributes of atelemarketer's voice and persuasiveness: a review and synthesis of the literature [J]. Journal of Direct Marketing, 1990, 4 (3): 7-21.

[98] KHAMIS S, ANG L, WELLING R. Self-branding, 'micro-celebrity' and the rise of social media influencers [J]. Celebrity Studies, 2017, 8 (2): 191-208.

[99] KIRMANI A, CAMPBELL M C. Goal seeker and persuasion sentry: how consumer targets respond to interpersonal marketing persuasion [J]. Journal of Consumer Research, 2004, 31 (3): 573-582.

[100] KIRMANI A, ZHU R. Vigilant against manipulation: the effect of regulatory focus on the use of persuasion knowledge [J]. Journal of Marketing Research, 2007, 44 (4): 688-701.

[101] KLECK R E, NUESSLE W. Congruence between the indicative and communicative functions of eye contact in interpersonal relations [J]. British Journal of Social and Clinical Psychology, 1968, 7 (4): 241-246.

[102] KOPELMAN S, ROSETTE A S, THOMPSON L. The three faces of Eve: strategic displays of positive, negative, and neutral emotions in negotiations [J]. Organizational Behavior and Human Decision Processes, 2006, 99 (1): 81-101.

[103] LABRECQUE L I. Fostering consumer-brand relationships in social media environments: the role of parasocial interaction [J]. Journal of Interactive Marketing, 2014, 28 (2): 134-148.

[104] LACROSSE M B. Nonverbal behavior and perceived counselor attractiveness and persuasiveness [J]. Journal of Counseling Psychology, 1975, 22 (6): 563.

[105] LAFFERTY B A, GOLDSMITH R E. Corporate credibility's role in consumers' attitudes and purchase intentions when a high versus a low credibility endorser is used in the advertisement [J]. Journal of Business Research, 1999, 44 (2): 109-116.

[106] LAY C H, BURRON B F. Perception of the personality of the hesitant speaker [J]. Perceptual and Motor Skills, 1968, 26 (3): 951−956.

[107] LECOMPTE W F, ROSENFELD H M. Effects of minimal eye contact in the instruction period on impressions of the experimenter [J]. Journal of Experimental Social Psychology, 1971, 7 (2): 211−220.

[108] LECUN Y, BOTTOU L, BENGIO Y, et al. Gradient−based learning applied to document recognition [J]. Proceedings of the IEEE, 1998, 86 (11): 2278−2324.

[109] LEIGH J H. The use of figures of speech in print ad headlines [J]. Journal of Advertising, 1994, 23 (2): 17−33.

[110] LEIGH T W, SUMMERS J O. An initial evaluation of industrial buyers' impressions of salespersons' nonverbal cues [J]. Journal of Personal Selling & Sales Management, 2002, 22 (1): 41−53.

[111] LIM C M, KIM Y K. Older consumers' TV home shopping: Loneliness, parasocial interaction, and perceived convenience [J]. Psychology & Marketing, 2011, 28 (8): 763−780.

[112] LIN Y, YAO D, CHEN X. Happiness begets money: emotion and engagement in live streaming [J]. Journal of Marketing Research, 2021, 58 (3): 417−438.

[113] LUO H, CHENG S, ZHOU W, et al. A study on the impact of linguistic persuasive styles on the sales volume of live streaming products in social E−commerce environment [J]. Mathematics, 2021, 9 (13): 1576.

[114] MA L, SUN B. Machine learning and AI in marketing − connecting computing power to human insights [J]. International Journal of Research in Marketing, 2020, 37 (3): 481−504.

[115] MASLOW C, YOSELSON K, LONDON H. Persuasiveness of confidence expressed via language and body language [J]. British Journal of Social and Clinical Psychology, 1971, 10 (3): 234−240.

[116] MATTHES J, SCHEMER C, WIRTH W. More than meets the eye: investigating the hidden impact of brand placements in television magazines [J]. International Journal of Advertising, 2007, 26 (4): 477−503.

[117] MCCRACKEN G. Who is the celebrity endorser? Cultural foundations of the endorsement process [J]. Journal of Consumer Research, 1989, 16 (3): 310—321.

[118] MCCROSKEY J C. A summary of experimental research on the effects of evidence in persuasive communication [J]. Quarterly Journal of Speech, 1969, 55 (2): 169—176.

[119] MCGINLEY H, LEFEVRE R, MCGINLEY P. The influence of a communicator's body position on opinion change in others [J]. Journal of Personality and Social Psychology, 1975, 31 (4): 686.

[120] MEHRABIAN A. Some referents and measures of nonverbal behavior [J]. Behavior Research Methods & Instrumentation, 1968, 1 (6): 203—207.

[121] MEHRABIAN A, WILLIAMS M. Nonverbal concomitants of perceived and intended persuasiveness [J]. Journal of Personality & Social Psychology, 1969, 13 (1): 37—58.

[122] MENG L, DUAN S, ZHAO Y, et al. The impact of online celebrity in live streaming E—commerce on purchase intention from the perspective of emotional contagion [J]. Journal of Retailing and Consumer Services, 2021, 63: 102733.

[123] MILLER G R, HEWGILL M A. The effect of variations in nonfluency on audience ratings of source credibility [J]. Quarterly Journal of Speech, 1964, 50 (1): 36—44.

[124] MILLER N, MARUYAMA G, BEABER R J, et al. Speed of speech and persuasion [J]. Journal of Personality and Social Psychology, 1976, 34 (4): 615—624.

[125] MOORE A, MASTERSON J T, Christophel D M, et al. College teacher immediacy and student ratings of instruction [J]. Communication Education, 1996, 45 (1): 29—39.

[126] MURPHY P K. What makes a text persuasive? Comparing students' and experts' conceptions of persuasiveness [J]. International Journal of Educational Research, 2001, 35 (7—8): 675—698.

[127] NANEHKARAN Y A. An introduction to electronic commerce [J]. International Journal of Scientific & Technology Research, 2013,

2 (4): 190—193.

[128] NELDER J A, WEDDERBURN R W. Generalized linear models [J]. Journal of the Royal Statistical Society: Series A (General), 1972, 135 (3): 370—384.

[129] NEWMAN H M. The sounds of silence in communicative encounters [J]. Communication Quarterly, 1982, 30 (2): 142—149.

[130] NGAI E W, WAT F K. A literature review and classification of electronic commerce research [J]. Information & Management, 2002, 39 (5): 415—429.

[131] ODA R, NIWA Y, HONMA A, et al. An eye—like painting enhances the expectation of a good reputation [J]. Evolution and Human Behavior, 2011, 32 (3): 166—171.

[132] O'KEEFE D J. Guilt as a mechanism of persuasion [J]. The Persuasion Handbook: Developments in Theory and Practice, 2002, 329: 344.

[133] OLESZKIEWICZ A, PISANSKI K, LACHOWICZ—TABACZEK K, et al. Voice—based assessments of trustworthiness, competence, and warmth in blind and sighted adults [J]. Psychonomic Bulletin & Review, 2017, 24 (3): 856—862.

[134] ORLANDIC L, TEIJEIRO T, ATIENZA D. The COUGHVID crowdsourcing dataset, a corpus for the study of large—scale cough analysis algorithms [J]. Scientific Data, 2021, 8 (1): 156.

[135] OSTERMEIER T H. Effects of type and frequency of reference upon perceived source credibility and attitude change [J]. Communications Monographs, 1967, 34 (2): 137—144.

[136] PARSA A B, MOVAHEDI A, TAGHIPOUR H, et al. Toward safer highways, application of XGBoost and SHAP for real—time accident detection and feature analysis [J]. Accident Analysis & Prevention, 2020, 136: 105405.

[137] PATTERSON M L, SECHREST L B. Interpersonal distance and impression formation [J]. Journal of Personality, 1970, 38 (2): 161—166.

[138] PHAM H, LIANG P P, MANZINI T, et al. Found in translation: learning robust joint representations by cyclic translations between

modalities [J]. Proceedings of the AAAI Conference on Artificial Intelligence, 2019, 33 (1): 6892-6899.

[139] PORNPITAKPAN C. The persuasiveness of source credibility: a critical review of five decades' evidence [J]. Journal of Applied Social Psychology, 2004, 34 (2): 243-281.

[140] POWELL K L, ROBERTS G, NETTLE D. Eye images increase charitable donations: evidence from an opportunistic field experiment in a supermarket [J]. Ethology, 2012, 118 (11): 1096-1101.

[141] PROCTOR T, PROCTOR S, PAPASOLOMOU I. Visualizing the metaphor [J]. Journal of Marketing Communications, 2005, 11 (1): 55-72.

[142] RADFORD A, WU J, CHILD R, et al. Language models are unsupervised multitask learners [J]. OpenAI Blog, 2019, 1 (8): 9.

[143] RAY G B. Vocally cued personality prototypes: an implicit personality theory approach [J]. Communications Monographs, 1986, 53 (3): 266-276.

[144] RODERO E. Intonation and emotion: influence of pitch levels and contour type on creating emotions [J]. Journal of Voice, 2011, 25 (1): 25-34.

[145] ROZENDAAL E, LAPIERRE M A, VAN REIJMERSDAL E A, et al. Reconsidering advertising literacy as a defense against advertising effects [J]. Media Psychology, 2011, 14 (4): 333-354.

[146] SAGARIN B J, CIALDINI R B, RICE W E, et al. Dispelling the illusion of invulnerability: the motivations and mechanisms of resistance to persuasion [J]. Journal of Personality and Social Psychology, 2002, 83 (3): 526.

[147] SCHERER K R, LONDON H, WOLF J J. The voice of confidence: paralinguistic cues and audience evaluation [J]. Journal of Research in Personality, 1973, 7 (1): 31-44.

[148] SCHOUTEN A P, JANSSEN L, VERSPAGET M. Celebrity vs. influencer endorsements in advertising: the role of identification, credibility, and product-endorser fit [J]. International Journal of Advertising, 2020, 39 (2): 258-281.

[149] SEPTIANTO F, PONTES N, TJIPTONO F. The persuasiveness of metaphor in advertising [J]. Psychology & Marketing, 2022, 39 (5): 951-961.

[150] SERENO K K, HAWKINS G J. The effects of variations in speakers' nonfluency upon audience ratings of attitude toward the speech topic and speakers' credibility [J]. Communications Monographs, 1967, 34 (1): 58-64.

[151] SEVASTOPOLSKY A. Optic disc and cup segmentation methods for glaucoma detection with modification of U-Net convolutional neural network [J]. Pattern Recognition and Image Analysis, 2017, 27: 618-624.

[152] SHAHRIARI S, SHAHRIARI M, GHEIJI S. E-commerce and it impacts on global trend and market [J]. International Journal of Research-Granthaalayah, 2015, 3 (4): 49-55.

[153] SHEN H, ZHAO C, FAN D X, et al. The effect of hotel live streaming on viewers' purchase intention: exploring the role of parasocial interaction and emotional engagement [J]. International Journal of Hospitality Management, 2022, 107: 103348.

[154] SI R. China Live streaming E-commerce industry insights [M]. Singapore: Springer, 2021.

[155] SKINNER C H, ROBINSON D H, ROBINSON S L, et al. Effects of advertisement speech rates on feature recognition, and product and speaker ratings [J]. International Journal of Listening, 1999, 13 (1): 97-110.

[156] SMITH S M, SHAFFER D R. Speed of speech and persuasion: evidence for multiple effects [J]. Personality and Social Psychology Bulletin, 1995, 21 (10): 1051-1060.

[157] SOETEVENT A R. Payment choice, image motivation and contributions to charity: evidence from a field experiment [J]. American Economic Journal: Economic Policy, 2011, 3 (1): 180-205.

[158] SOLOMON H, SOLOMON L Z, ARNONE M M, et al. Anonymity and Helping [J]. The Journal of Social Psychology, 1981, 113 (1): 37-43.

[159] STERNTHAL B, PHILLIPS L W, DHOLAKIA R. The persuasive effect of scarce credibility: a situational analysis [J]. Public Opinion Quarterly, 1978, 42 (3): 285—314.

[160] STREET J R, BRADY R M, PUTMAN W B. The influence of speech rate stereotypes and rate similarity or listeners' evaluations of speakers [J]. Journal of Language and Social Psychology, 1983, 2 (1): 37—56.

[161] ŠTRUMBELJ E, KONONENKO I. Explaining prediction models and individual predictions with feature contributions [J]. Knowledge and Information Systems, 2014, 41: 647—665.

[162] SUTHERLAND M R, MCQUIGGAN D A, RYAN J D, et al. Perceptual salience does not influence emotional arousal's impairing effects on top—down attention [J]. Emotion, 2017, 17 (4): 700.

[163] TAMIR H M. Preferences for sadness when eliciting help: instrumental motives in sadness regulation [J]. Motivation & Emotion, 2010, 34: 306—315.

[164] TANG Z, CHEN L. An empirical study of brand microblog users' unfollowing motivations: the perspective of push—pull—mooring model [J]. International Journal of Information Management, 2020, 52: 102066.

[165] TARASEWICH P, NICKERSON R C, WARKENTIN M. Issues in mobile E — commerce [J]. Communications of the Association for Information Systems, 2002, 8 (1): 3.

[166] TIDD K L, LOCKARD J S. Monetary significance of the affiliative smile: a case for reciprocal altruism [J]. Bulletin of the Psychonomic Society, 1978, 11 (6): 344—346.

[167] TIGUE C C, BORAK D J, O'CONNOR J J, et al. Voice pitch influences voting behavior [J]. Evolution and Human Behavior, 2012, 33 (3): 210—216.

[168] TIMNEY B, LONDON H. Body language concomitants of persuasiveness and persuasibility in dyadic interaction [J]. International Journal of Group Tensions, 1973, 3 (3—4): 48—67.

[169] TORMALA Z L, PETTY R E. What doesn't kill me makes me stronger: the effects of resisting persuasion on attitude certainty [J].

Journal of Personality and Social Psychology, 2002, 83 (6): 1298.

[170] TSANTANI M S, BELIN P, PATERSON H M, et al. Low vocal pitch preference drives first impressions irrespective of context in male voices but not in female voices [J]. Perception, 2016, 45 (8): 946—963.

[171] TUSING K J, DILLARD J P. The sounds of dominance. Vocal precursors of perceived dominance during interpersonal influence [J]. Human Communication Research, 2000, 26 (1): 148—171.

[172] VAISH A, KELSEY C M, TRIPATHI A, et al. Attentiveness to eyes predicts generosity in a reputation—relevant context [J]. Evolution and Human Behavior, 2017, 38 (6): 729—733.

[173] VAKRATSAS D, AMBLER T. How advertising works: what do we really know? [J] Journal of Marketing, 1999, 63 (1): 26—43.

[174] VAN REIJMERSDAL E. Brand placement prominence: good for memory! bad for attitudes? [J]. Journal of Advertising Research, 2009, 49 (2): 151—153.

[175] WANG Q, ZHANG W, LI J, et al. Effect of online review sentiment on product sales: the moderating role of review credibility perception [J]. Computers in Human Behavior, 2022, 133: 107272.

[176] WANG Z, LEE S J, LEE K R. Factors influencing product purchase intention in Taobao live streaming shopping [J]. Journal of Digital Contents Society, 2018, 19 (4): 649—659.

[177] WEBER P, WIRTH W. When and how narratives persuade: the role of suspension of disbelief in didactic versus hedonic processing of a candidate film [J]. Journal of Communication, 2014, 64 (1): 125—144.

[178] WIENER H J, CHARTRAND T L. The effect of voice quality on ad efficacy [J]. Psychology & Marketing, 2014, 31 (7): 509—517.

[179] WIGAND R T. Electronic commerce: definition, theory, and context [J]. The Information Society, 1997, 13 (1): 1—16.

[180] WILLIS M L, PALERMO R, BURKE D. Social judgments are influenced by both facial expression and direction of eye gaze [J]. Social Cognition, 2011, 29 (4): 415—429.

[181] WONGKITRUNGRUENG A, DEHOUCHE N, ASSARUT N. Live

streaming commerce from the sellers' perspective: implications for online relationship marketing [J]. Journal of Marketing Management, 2020, 36 (5-6): 488-518.

[182] WOOD W, QUINN J M. Forewarned and forearmed? Two meta-analysis syntheses of forewarnings of influence appeals [J]. Psychological Bulletin, 2003, 129 (1): 119.

[183] XIAO Q, WAN S, ZHANG X, et al. How consumers' perceptions differ towards the design features of mobile live streaming shopping platform: a mixed-method investigation of respondents from Taobao Live [J]. Journal of Retailing and Consumer Services, 2022, 69: 103098.

[184] YOKOYAMA H, DAIBO I. Effects of gaze and speech rate on receivers' evaluations of persuasive speech [J]. Psychol Rep, 2012, 110 (2): 663-676.

[185] YOUNG D M, BEIER E G. The role of applicant nonverbal communication in the employment interview [J]. Journal of Employment Counseling, 1977, 14 (4): 154-165.

[186] ZEMACK-RUGAR Y, KLUCAROVA-TRAVANI S. Should donation ads include happy victim images? The moderating role of regulatory focus [J]. Marketing Letters, 2018, 29: 421-434.

[187] ZHANG M C, STONE D N, XIE H. Text data sources in archival accounting research: insights and strategies for accounting systems' scholars [J]. Journal of Information Systems, 2019, 33 (1): 145-180.

[188] ZHANG M, GUO L, HU M, et al. Influence of customer engagement with company social networks on stickiness: mediating effect of customer value creation [J]. International Journal of Information Management, 2017, 37 (3): 229-240.

[189] ZHANG Z, ZHANG N, WANG J. The influencing factors on impulse buying behavior of consumers under the mode of hunger marketing in live commerce [J]. Sustainability, 2022, 14 (4): 2122.

[190] ZHOU M, CHEN G H, FERREIRA P, et al. Consumer behavior in the online classroom: using video analytics and machine learning to

understand the consumption of video courseware [J]. Journal of Marketing Research, 2021, 58 (6): 1079-1100.

[191] ZUCKERMAN M, DEFRANK R S, HALL J A, et al. Facial and vocal cues of deception and honesty [J]. Journal of Experimental Social Psychology, 1979, 15 (4): 378-396.

[192] 代祺，崔孝琳. 直播购物环境中主播信任影响因素及调节效应 [J]. 中国科学技术大学学报，2022，52 (2)：58-70+72.

[193] 廖成成. 主播表现对带货效果的影响——基于多模态机器学习的直播带货研究 [D]. 成都：四川大学，2022.

[194] 罗鑫宇，董金权. 情感视角下的网络直播研究 [J]. 长春理工大学学报（社会科学版），2021，34 (3)：78-82.

[195] 范钧，陈婷婷，张情. 不同互动类型直播场景下主播互动策略对受众打赏意愿的影响 [J]. 南开管理评论，2021，24 (6)：195-202.

[196] 董金权，罗鑫宇. "情感"视角下的网络直播——基于30名青年主播和粉丝的深度访谈 [J]. 中国青年研究，2021 (2)：90-96.

[197] 蒋良骏. 电商主播关键话语对消费者购买意愿影响分析：基于感知质量的中介作用 [J]. 商业经济研究，2022 (14)：90-93.

[198] 贾旭东，谭新辉. 经典扎根理论及其精神对中国管理研究的现实价值 [J]. 管理学报，2010，7 (5)：656-665.

[199] 邵鹏，易薇. 直播平台上服装主播带货能力的影响因素分析 [J]. 丝绸，2022，59 (10)：91-98.

[200] 魏剑锋，李孟娜，刘保平. 电商直播中主播特性对消费者冲动购买意愿的影响 [J]. 中国流通经济，2022，36 (4)：32-42.

[201] 黄宇，刘晶. 女装电商网络主播及其销售行为研究 [J]. 丝绸，2021，58 (10)：60-68.